《建筑初步》教材配套参考

形态构成解析

清华大学

田学哲　俞靖芝　郭　逊　卢向东　著

中国建筑工业出版社

图书在版编目(CIP)数据

形态构成解析／田学哲等著.—北京：中国建筑工业出版社，2004（2022.8重印）
　ISBN 978-7-112-06699-5

　Ⅰ.形... Ⅱ.田... Ⅲ.建筑设计-专业学校-教学参考资料 Ⅳ.TU2

中国版本图书馆 CIP 数据核字(2004)第 057571 号

对于建筑学、城市设计、环境艺术等专业的学生，除了传统的艺术素质教育外，还特别需要加强有关形式美的训练和抽象形体造型能力的培养，而**形态构成**就是培养这种能力的重要途径。

本书结合我社已出教材《建筑初步》的相关内容，对形态构成在理论与实践上进行了总结与探讨，并结合学生的优秀作品加以分步详解，以便于学生的理解和学习。

全书分**文析**和**图解**两大部分。

文析内容包括：一、形态构成在建筑艺术创作中的应用；
　　　　　　　二、建筑学专业的形态构成学习；
　　　　　　　三、构成作品解析的原则与方法；
　　　　　　　四、构成的再认识。

图解内容包括：平面构成；
　　　　　　　立体构成。

责任编辑：王玉容
责任校对：王雪竹

《建筑初步》教材配套参考
形态构成解析
清华大学
田学哲　俞靖芝　郭　逊　卢向东　著

*

中国建筑工业出版社出版、发行（北京西郊百万庄）
各地新华书店、建筑书店经销
北京广厦京港图文有限公司设计制作
北京建筑工业印刷厂印刷

*

开本：889×1194毫米　1/16　印张：1$\frac{1}{2}$　插页：52　字数：282千字
2005年3月第一版　　2022年8月第二十二次印刷
定价：**65.00**元
ISBN 978-7-112-06699-5
　　　(12653)

版权所有　翻印必究
如有印装质量问题，可寄本社退换
(邮政编码 100037)

前　言

在建设部95重点教材"建筑初步"第二版中,我们新增了"形态构成"的内容。此后,我们又继续进行了两方面的工作:①对建筑学专业学习"形态构成"的必要性以及学习内容进行理论上的总结与探讨;②把多年来的学生优秀作品选编成册,进行实例解析。我们相信,以这两项内容与教材中的构成章节相配合,相辅相成,会更加有利于学生对形态构成的学习。也正是以上工作的完成,促成了本书的出版。

清华大学建筑学专业的形态构成教学始于1980年,最初由美术院校移植,经过消化吸收、借鉴积累,逐步形成适合于自己专业特点的教学体系。可以说,在这一过程中,"为什么学习和怎样学习形态构成?"始终是我们思考和研讨的焦点。经过多次的实践与反复,使我们逐渐意识到,在这一问题的背后,所隐含的乃是怎样认识和理解现代建筑艺术的表现特点以及与之相适应的教学手段。而与此相关的探讨,则可以回朔到半个世纪以前:在清华建筑系20世纪50年代初期的教学中,即开设有"视觉与图案"课程,在设计题目中,可以找到像茶具或灯具设计、建筑学报封面设计、某音乐家或文学家纪念碑设计,乃至如"抽象构图"、"鸟浴池"等各种快题。"抽象构图"是一个包括"固定数目的圆点构图"和"不限材料的质感表现"……等的系列题组。在"鸟浴池"设计中,有的作品以圆环、圆盘、细棒穿插组合,大小、虚实、曲直对比,实际上是以圆、直线为基本形的立体构成。以上的情况说明了一个重要观点:对于建筑学的学生,除了传统的艺术素质教育外,还特别需要加强有关形式美的训练和抽象形体造型能力的培养。而限于当时的条件和各种原因,对这一问题的探讨只能留到50年之后的现今,以形态构成的学习为契机,重新开始。

时间变了,条件变了,上述问题的实质没有变。如何多途径地提高学生的建筑艺术造型能力,这正是我们提出为什么学习和怎样学习形态构成的初衷。

本书作品的编选和剖析可以认作是构成学习探讨的成果实例,它形象而具体地表明我们对"怎样学"这一问题的认识,同样也是一项很有意义的工作。和建筑艺术创作一样,构成设计中的难点之一,就是它的抽象性,它贯穿于从基本形开始的整个方案操作过程,直至作品的最后效果表达。也正是由于这样的特点,使作者本人和他人对构成作品的理解均可能带有较强的主观性。对优秀作品进行剖析,给予理性的解释,这对学生适应对抽象形式的感知和驾驭,破除对构成设计的神秘感;吸收他人之长,更快提高自己,其益处是不言而喻的。

　　为了帮助读者对图集的编选目的、作品选择标准以及具体的剖析方式有更进一步的了解,我们也特辟章节,进行说明。

　　除以上内容之外,本书文字部分中尚包括有近年来我们的研究心得——结合视觉心理学知识和形式审美知识,对形态构成体系所进行的思考和再认识。

著者

2004 年 12 月

※　　　※　　　※

　　本书图析部分所采用的分析实例均选自近年来各级学生的作业,著者在此向他们表示谢意。

　　除本书作者外,参加近年来各级学生作业指导的教师尚有:刘念雄、林峥、王佐、尹思谨、胡戎睿、纪怀禄、刘畅、袁铁生、周正楠、方晓风、俞传飞等各位教师,在此表示对他们的谢意。

著者

目 录

文析 …………………………………………………………… 1
  一、形态构成在建筑艺术创作中的应用 ……………………… 2
  二、建筑学专业的形态构成学习 ……………………………… 6
  三、构成作品解析的原则与方法 ……………………………… 10
  四、构成的再认识 ……………………………………………… 14
图解 …………………………………………………………… 18
  平面构成 ………………………………………………………… 19
  立体构成 ………………………………………………………… 69

文　析

构成被引入建筑领域，必有其因，缘由何在?
构成被引入建筑教育，有何特点，如何操作?
构成教学中的创作，何以为佳，如何分析?
对此，我们将以简约的篇幅，扼要地加以阐述。

一、形态构成在建筑艺术创作中的应用

探讨形态构成在建筑艺术创作中的应用,应该从两个方面进行。一方面是对形态构成本身的学习及其发展过程的了解,另一方面则是从建筑学和建筑设计的角度进行分析,了解两者之间的相互关系,寻求作为造型基础的形态构成与建筑艺术表现之间的共同之处,以及具体结合的可能性,从而使建筑专业的读者更为主动地把握构成的学习,以提高自己的造型能力和艺术素养。

(一)建筑艺术的表现特点与形态构成

空间、形体以及色彩、肌理等既是建筑存在的物质表现,又是建筑艺术的重要特征。其一,如果没有建筑的形体与空间,建筑就无法实现其使用上的功能,从而也失去了存在的意义;其二,就建筑艺术而言,如果脱离开形体和空间等表现手段,其艺术创作便失去了具体的依托。对形体、空间的表现,乃是建筑艺术中最为基本的语言,只有通过这种语言,并通过以形体与空间所构成的建筑场所与环境,建筑才得以在社会生活、文化、宗教、传统、习俗……等多方面表现出自己的丰富内涵和独特魅力。形体与空间的处理,作为建筑功能的实现与建筑艺术创作之间的纽带,是每个建筑师在进行创作中所不可回避的一个关键环节;也是建筑师意匠成败最为真实和最为直接的体现。实践证明,在错综复杂的设计条件下,建筑师在这方面的驾驭能力越强,思路越广,其解决整体方案的自由度就越大。多年的教育实践也已证明,在学生的学习阶段,脱离开实际工程建设中的各种因素,为提升建筑艺术素养与创作技巧而进行一些专门的学习与训练是完全必要的。对形态构成的学习,便是出于这样一种考虑。因为形态构成的学习,是从抽象化的点、线、面、体开始的,是以基本形为基础,通过各种"构形"方法进行的形的创造,从而获得造型能力的提高。我们所最为关注的正是:形态构成这一基本思路与建筑形式美创造过程中所具有的许多相关因素的互通之处,因而认为它对提高建筑设计中有关形体与空间的创造能力,具有十分重要的意义。

(二)现代建筑审美与形态构成

一定的社会生产水平和一定的社会文明,孕育着与之相应的社会审美观念,并渗透、延伸于一切文化艺术领域乃至人们日常生活的各个方面。建筑不是单纯的艺术，影响建筑审美的因素或许更为复杂、曲折，但是我们依旧可以从历史的发展中清晰地看到：建筑作为一种独特的艺术形式，与审美观念之间具有密切联系。

(1)简略地说，古代建筑所表达的乃是一种具有典型意味的程式美；一种经过千锤百炼、精雕细琢的美。生产力的落后、建筑技术的长期停滞，使得古代建筑匠师们能够在无数次的重复实践中，进行丰厚的艺术积累，造就成某种程式或风格的至善至美，体现出那个时代中人们的精神追求。古希腊、罗马的柱式及其组合，便是这种程式美的具体体现，而隐含于其后的则是对完美与至纯这一审美理念的追求。在柱式的演变中，渗透着对人体自身的赞赏，而柱式中一系列的比例关系与线脚组合便构成了柱式这一建筑程式的重要内容。我国古代建筑中的开间变化，体现着中正至尊的传统观念；屋顶的出挑、起翘则是在排水功能的基础上，对"如鸟斯翼"般轻盈形态的艺术表达，它们同样以"法式"或"则例"的形式被固定下来，传承于世。"庭院深深深几许"、"风筝吹落画檐西"……，这种通过建筑环境烘托和强化诗词意境的做法，也从一个侧面展示出人们对传统建筑的审美情结。

(2)工业时代的到来，为现代文明的发展提供了最为直接的动力，同时也引发了社会审美观念的重大改变。机器生产所表现出的工艺美对传统的手工美产生着强烈的冲击，并直接地影响到建筑领域。"少就是多"，"形式追随功能"……，于是人们从包豪斯校舍，从巴塞罗那展厅以及流水别墅等名作中，体验到了建筑的功能之美、空间之美、有机之美等等。在与现代哲学、文学、艺术等的广泛沟通中，现代建筑的发展更是各树一帜，流派纷呈：理性的与浪漫的、典雅的与粗野的、高技术的与人情味的、地方的与历史的等等。它们所呈现于形体与空间艺术表现中的多姿多彩，也就成为现代建筑在其蓬勃发展中，审美观念最为直接的表述。

(3)时至今日，新功能、新技术、新材料的不断出现，高度发展的信息传播，环境问题的凸现以及地区文化的兴起等等，促成了当代建筑多元化发展的大趋势、大潮流。现代建筑早期所提出的某些原则已经受到挑战，人们所惯于接受的建筑构图原则已难以全面解释建筑审美中一些新的现象。人们不再介意建筑形式上的稳定感，却从它的不稳定之中获得了运动感或动平衡等新的体验；一个从正中"开裂"的建筑形体、一个横平竖直的建筑平面中某一部分的"突然"扭转，会使人领略到特异和突变之美；建筑师可以把复杂的古典柱式、线脚与现代的玻璃、金属材料并置，以求一定历史内涵的表现……。这些现象说明：在新的社会条件下，建筑审美正在发生着新的变化。

综上所述，与过去相比，现代建筑在审美观念上，明显地表现出多样性和兼容性等特点；在造型手段上，更为注重几何形体的应用和它们在抽象意味上的表达。这一切都要求建筑师具有很强的创造力和对建筑形式美进行抽象表达的扎实功底。形态构成学习的核心内容，就是抽象了的形以及形的构成规律，这正是一切现代造型艺术的基础。而形态构成通过物理、生理和心理等现代知识，对形的审美所进行的分析与解释，则对我们认识、把握现代建筑的审美特点与趋向，具有重要的启发意义。

(三)形态构成的应用

对审美观念变化的回顾,有助于了解形态构成被引入建筑基础教学中的原因和背景。在此，就形式美创造中形态构成与建筑设计之间的关系进行具体分析。

(1)形态构成的重点在于造型,它以人的视知觉为出发点(大小、形状、色彩、肌理)，从点、线、面、体等基本要素入手，实现形的生成；强调形态构成的抽象性，并对不同的形态表现给予美学和心理上的解释(量感、动感、层次感、张力、场力、图与底……)。这些也都是建筑设计中进行有关建筑形式美的探讨时经常涉及到的问题。因而形态构成的系统学习，有利于学生对建筑造型认识的深化和能力的提高。

(2)形态构成的重要特点之一是具有方法上的可操作性,它所提出的各种造型方法都是以由点、线、面、体所组成的基本形为发展基础的，基本形是进行形态构成时直接使用的"材料"。对这些"材料"按构成的方法加以组织，建立一定的秩序，就是创造"新形"的过程。即：基本形—秩序—新形。

在建筑设计中，同样存在着与之类似的情形。建筑物通常都含有大量重复的墙、柱、楼面以及门、窗等等，它们既是构成建筑的物质手段，又可抽象为形态构成中的点、线、面、体等基本要素或基本形，从而通过构成的方法，建立秩序，进行建筑形式美的创造。

而建筑功能的实现，则有赖于其内部空间使用秩序的建立。基本单元—使用秩序—功能要求，这一模式在建筑设计中广为存在，如宿舍、旅馆、办公楼、医院、图书馆、车站、候机楼等等，基本上都是以同类的或标准的住房、客房、办公室、病房、阅览室、候车室等作为基本单元，进行组合扩展和建立使用秩序的。这种模式上的相似性为形态构成在建筑设计中的应用提供了相关的物质基础。

(3)在结构设计中也存在着同样的情况。结构设计的主要任务在于通过合理的形式将上部的荷载传至地面。力的传递是由上至下的,而施工顺序绝大部分是由下向上的"搭建"。因此,无论采用何种结构体系(承重墙体系或框架体系、梁板、桁架、刚架、悬索等等),都是通过一定数量的构件组成重复的单元,然后按照荷载的传递秩序来完成的。而受力的合理性又决定了其单元大多是以三角形或矩形等简单几何形式出现的。凡此种种,都是形态构成应用于建筑设计的有利条件。

当然,这种源于建筑功能或建筑结构中基础因素的加工和利用,最终还必须符合形式美的原则。因为形式本身有它自己的审美价值与标准。

(4)学习形态构成的最终目的,在于造型能力的提高。正如一些构成学家所指出的:"构成的重点不是技术的训练,也不是模仿性的学习,而是在于方法的教学和能力的培养"。在构成学习中,强调引导学生"主动地把握限制条件,有意识地去进行创造";强调学生在学习过程中从逻辑推理、情理结合、逆向思维等多种渠道、多种途径进行思考,以拓宽自己的创作思路和视野。这些都说明形态构成与建筑设计在学习方法、过程和目的等方面具有共同特点和互通之处。

最后,需要指出的是,虽然我们列举了两者结合的许多有利条件,但以造型训练为目的的形态构成和以实际工程为目的的建筑设计,毕竟有着本质的差别。即使单就建筑艺术形式的创造而言,除造型问题外,尚涉及到文化、历史、社会等多种因素,以及在具体创作中存在着对建筑意境、个性、风格等的追求,这些都是我们不能苛求于形态构成的。此外,由于形态构成理论的应用,源于工艺美术院校中的工业设计基础教学,其中有关空间构成部分的内容,也还需要我们结合建筑学和建筑设计的特点和需要,进一步加以充实和完善。

二、建筑学专业的形态构成学习

培养学生的审美能力和造型能力是学习形态构成的主要目的。然而形态构成理论并非是仅仅针对建筑学而设立的,将其纳入建筑学专业的基础训练之中,必然要面对如何消化吸收为我所用、如何合理安排学时提高效率、如何突出重点掌握关键等一系列问题。清华大学建筑学院长期以来一直强调对学生审美能力和造型能力的培养,并进行了几代人的持续不断的努力和探索。自20世纪80年代初将形态构成正式引入学院基础教学中以来,大致经历了基本照搬套用、逐步消化吸收到形成自身特色的一个漫长过程,客观而全面地总结20多年的教学经验教训是十分必要的,也是非常有益的。概括多年来的构成教学实践以及后续的建筑设计应用效果,我们认为在具体的教学过程中应该特别强调以下几点:

(一)专业－内容

构成课在国内外的许多美术院校中作为重要的专业基础内容,一般会安排一到两学期的学习时间。有此充足的学时,教师可以很从容地安排三大构成(即平面构成、立体构成和色彩构成)的理论方法学习和操作练习;学生对物体的形状、色彩、肌理、质感,以及结构方法和节点方式会有着比较深入、透彻的认识与理解,建立起对形的直观能力、把握能力,并逐步提高升华,形成一定的造型能力。但在建筑院校,形态构成是与专业基础知识、表现技法、建筑设计起步等一系列基础内容并列存在的,至多安排半学期左右的学时,无论独立成课与否,都难以做到理想状态的全面、系统的学习和训练。因此,结合本专业的性质、特点,对构成教学内容进行一定的取舍是完全必要的。

1. 三大构成的取舍

比较研究发现,在平面、立体和色彩三大构成中,平面构成和立体构成的独立性较强,不存在相互替代的可能。而色彩构成与平面构成两者在内容上存在着很大的重叠性和重复性。平面构成重点研究形(可以理解为具有特定颜色的形)在二维虚拟空间上的组织方式及其视觉效果;色彩构成也是如此,只不过后者特别强调了其中色彩(可以理解为形之色彩)的作用。色彩构成可以理解为平面构成的一个分支,即是在统一的原则、方法的基础上增加了色彩叠加、色相对比、色度推移、明度推移等更加专门的色彩知识。只要掌握了平面构成的原理，学生基本上可以通过自学就能比较容易地把握色彩构成的知识。因此，省略色彩构成对学习形态构成的基本原理并不构成太大的损失。

2.具体内容的取舍与强调

平面构成所涉及的是形状、色彩、肌理等内容，立体构成在此基础上又增加了材性、质感、结构方法和节点方式等，但"形"（包括形的塑造、形与形之间的关系以及虚拟或实体空间之形）是它们共有的核心骨干。只要在掌握基本的原理、手法的基础上，把握住"形"这一关键所在，对色彩、肌理、材性、质感、结构方法和节点方式作一般性了解也是完全可行的。

为了进一步突出建筑学的专业特点，我们在形态构成的教学与训练中，特别强调了它的几何抽象性、图底关系以及单元的有限重复等内容。

建筑被比喻为凝固的音乐，原因是音乐和建筑都具有突出的抽象艺术特征。如前所述，建筑的功能性、技术性等基本属性也从根本上决定了建筑的形体和空间离不开方、圆、三角、多边形等各种简单几何形。因此，我们在具体作业训练中，特别要求构成的单元、原形乃至子形、新形皆为简单几何形。因学时所限，并为了使训练更具有针对性，那些与建筑形态距离较远的具象的自然形和随意形被排斥在外。

图底关系，包括图底转化，是形态构成借用格式塔心理学中的一个重要原理，它是保证设计作品的完整性、趣味性的有效方法之一。作为建筑设计的对象和目的的建筑的实体与空间之间存在着明显的图底关系。在构成练习中强调图底关系，坚持图与底两者相得益彰、皆为完整直至双赢的原则目的，对学生将来透彻地领悟并很好地处理建筑设计中的实体与空间的关系是十分有益的。

格网单元是平面构成的一个重要处理方法。多年的实践发现，在这类方法的具体应用中往往会有格网、单元无限重复的倾向，这对于那些以肌理处理为重点的平面图案设计是有益的，但对建筑的实体、空间设计而言，应用价值并不大。因此，我们在具体的作业训练中对其进行了必要的数量限定，包括格网的划分程度、单元的种类以及单元的个数等等。

此外，需要特别指出的是，如何教会学生运用形态构成的原则、方法去设计出一个与原形不同的"新的形象"，以及如何引导学生塑造出一个符合美学原理的"美的形象"，这是两个完全不同的概念。前者所依赖的是对构成方法的熟练运用，后者所要求的是设计者的造型能力和审美观。我们所追求的理想目标应该是在做到前者的基础上，经过练习操作逐步接近并达到后者。形态构成理论的最大贡献就是提供了一个易于学习把握、易于操作实践的"生成"新形的方法，而对于实现更高层次的美学追求这个关乎学生艺术修养的问题，有必要借助于其他相关的知识理论加以补充、完善。为此，我们在构成理论教学以及具体的作业练习指导中，在详尽介绍支撑形态构成理论的格式塔心理学的同时，特别增加了"一般形式美的基本法则"的内容，两者相辅相成，互为补充，使学生可以更加全面地领悟造型的意义与内涵。

(二)效率－方法

各建筑院校因应自身的特点以及对构成的不同理解认识，会采取不同的教学方法，但大的环节过程是一致的，即：原理学习阶段—操作训练阶段—建筑设计实用阶段。当学习内容确立之后，操作训练的方法就成了影响教学质量、效果的焦点所在。现行中主要有两种训练模式可供选择：一是以抽象的几何形作为操作练习对象，一是以简单的建筑形体或者是建筑空间作为操作练习对象。我们认为以第一种模式作为初始训练方式最为理想，原因有二：

其一，以抽象的几何形作为练习对象更易于操作，易于把握。虽然建筑(或建筑空间)具有简单几何形特征，用构成手法进行处理也是完全可行的。但是，具体的建筑与抽象的几何形两者之间存在着客观而显著的差别。建筑无论大小、繁简，都会受到功能、环境、尺度、经济、文化和技术材料等诸多因素的制约。建筑设计必须对这些因素进行逐一分析、判断，最终提出综合解决问题的方案。建筑的多元制约因素还决定了其价值趋向的多元性和模糊性。建筑造型作为众多元素之一，不是，也不应该是判断建筑设计优劣的惟一标准。在此条件下进行各种造型上的演练又不使整个设计流于偏颇，对初学者而言必将是十分困难的和难以把握的。与之相对照，抽象几何形体摒弃了形态之外的其他制约因素，造型成为惟一的目的和价值趋向。在这种自由、宽松、开放的环境中，初学者把关注的焦点集中在基本形体及其关系上，可以进行纯粹而透彻的造型尝试与体验，进而达到培养造型能力之目的。

其二，以简单的建筑入手进行构成训练，很容易使初学者混淆建筑设计与构成设计的界限，对于建立正确的建筑观是十分不利的。因为，当以建筑形体或者是建筑空间作为构成处理对象时，为了突出造型训练的目的性，往往会人为地拔高建筑造型在设计中的价值、地位,很容易诱导学生产生错误的认识——建筑设计主要就是造型设计,甚至把建筑设计跟构成设计混为一谈。现实中个别建筑作品所流露出的形式至上、形式主义的倾向与此不无必然的联系。

当然,以抽象的几何形作为初始操练对象的教学方法,并不排斥随后的以简单的建筑形体为对象的更为复杂的训练模式。这种从简单几何形到简单建筑形体的渐进的训练方式是十分有益的,也是行之有效的,这也是我们在自身的教学过程中所采用的方式。

(三)操作 - 重点

任何课程的学习都有自身的规律。对一般课程而言,学生只要理解并掌握了该课程所介绍的基本知识、基本原理(包括计算公式、基本技法等),并能具体运用于问题的解答、解决,该课程的教学目的就达到了。在此,课程的教授内容和课程的学习目的两者是一种直接的对应关系。例如表现技法课程,它的教授内容是各种工具、各种形式的表现技能、表现方法,要求学生掌握的也是这些技能、方法;再如高等数学课程,它的教授内容是具体的原理、具体的运算公式,要求学生掌握的也是这些内容。其间也许要进行一定量的练习、操作,但其目的并没有改变,只不过是为了更加透彻、更加熟练地掌握并运用这些原理、公式而已。

与之相比较,形态构成的学习有着自身的特点。回顾一下形态构成理论的历史会发现,它是从一种简单的造型课程训练题目逐步发展、完善而形成的。其立意宗旨是通过提供一套易于理解、易于把握的造型操作方法、操作程序,让学生在这些具体的操作活动中去不断感悟、理解、分析、比较,最终达到认识造型规律、提高造型能力的目的。可以看出,其教授的内容(操作的方法、原理)与学习的目的(造型能力)两者之间存在的是间接的而非直接的关系。形态构成的教授内容与学习目的的间接性特征给了我们两点启示:

第一,培养学生的造型能力有多种方式、方法可以选择,学习形态构成是实现这一目的的众多切入点之一。但由于易于理解,易于把握,它与其他方式、方法相比较就拥有了更大的操作优势。这也是我们选择形态构成作为基础训练内容的原因所在。

第二,形态构成的学习应该重视其基本方法、基本原理的掌握,重视操作的结果——"形"的塑造,但更应该重视操作训练的过程。因为我们的教学目的并不止于方法、原理的掌握以及直接的造型成果的完成，而是有更高的追求，即通过操作这一"具体"的过程，促进感悟、理解、分析、比较等一系列"实在"的思维活动的产生，最终达到认识造型规律、培养造型能力之目的。因此，操作过程应该是我们学习形态构成的重点所在。

一定量的操作过程，不仅可以直接培养学生的动手能力，而且也是培养学生对形的直观能力和把握能力的有效方法，这些都是形成造型能力所必须的素质。形的变化，包括形的些微变化，必然导致感受的变化。但这种感受的强弱、大小会因人而异。敏锐而正确的感受力需要一定条件的诱发和挖掘才得以形成。对初学者而言，只有通过一定量的操作练习的经验积累过程，才能逐步激发、强化他的感知潜能，最终在"形的变化"和"感受的变化"两者之间建立起必然而自然的联系，从而实现学生对形的直观能力和把握能力的培养。

另外，操作过程也是一种行之有效的设计思维方法。当你的设计毫无头绪的时候，具体而实在的操作，可以起到刺激视觉感受，激发大脑思维的积极作用，继而发现亮点，捕捉灵感，直至实现构思的雏形。这与很多建筑大师所提供的"图形思维"方法是完全一致的。

三、构成作品解析的原则与方法

构成作品的图解、剖析可以从理论及实践两个方面对"教"与"学"起到总结提高、承上启下的作用。在此之前，对于为什么要进行解析，选择什么样的作品进行解析，以及怎样进行解析等问题先加以阐述，是十分必要的。这将有助于通过实例而更深入、更自觉地理解形态构成。

（一）目的——解析之一

形态构成是一种造型艺术，它是现代艺术的一种类型。现代艺术是在工业化后二百多年历史中经过对艺术的新探索而逐渐形成的。它与古典艺术截然不同：不再是对人和自然的写实和模仿，而是一种抽象，一种创作。

为了对形态构成的抽象性、创造性等特点的理解加以深化，在此，简要地回顾一下现代艺术的形成过程。19世纪出现的印象主义停止对自然因素单纯而原始的模仿，开始捕捉千姿百态、不断变幻的景象。20世纪初，起源于毕加索和勃列克探索的立体主义将景、物割裂,变形为一系列平涂色彩的小平面,再将这些"形"综合成整体,或进行"拼贴";雕塑,被立体主义定义为体量、容积和空间的艺术,从而为全抽象引路;他们甚至放弃主题寓意而尝试创造几何图形的构图。抽象艺术的创始人和主要理论家康定斯基于20世纪20年代,将非描绘性的绘画由自由抽象转为几何抽象。构成是20世纪发展起来的新概念之一,所谓构成雕塑是由构件形成的"空间",是三度的抽象构成,而不是从无定形体量上用雕去或塑上手法创造的体量艺术。蒙德里安为探讨垂直、水平线对位的神秘含义而耗尽终生,他强调艺术"需要抽象和简化",追求"纯洁性、必然性、规律性"。

综上所述,现代艺术是非描绘性的、纯感觉至上的创造性艺术。它不表现自然,不模仿自然,而是利用光、色、形和结构来进行纯粹的创造。这些特点在形态构成中显现得更为突出,更为充分,从而加大了对构成这类造型艺术在认知与实践上的难度。借助于对实例进行剖析来弱化这种难度,正是作品解析的首要目的。

再者,形态构成于20世纪70年代方被流传我国,而被移植于我国的建筑教育,只不过才二三十年,对于一门学科而言,这么短暂的时间,可被视为年轻学科。因此,将多年的尝试与探索及时地进行总结,不仅从理论上,而且在实践上加以提高,无论对于教还是对于学,都将会变得更加自觉,更加便捷,从而使学科逐渐成熟,逐渐趋以完善,这就是作品解析的另一目的。

(二)对象——解析之二

构成创作的难点主要在于"抽象"(平面构成尤为突出),因为它排斥对自然的模仿、相似和寓意。实际上构成是有规可循、有据可导的,"规矩"即为:运用构成手法,遵循形式美法则,以达到良好视觉效果为目标。本书中所选的剖析作品在这三方面均达到上乘水准。在归纳它们的中选标准之前,先对构成手法作一简要提示(详情请参见《建筑初步》第五章 形态构成),因为这既是创作的基础,又是对作品进行分析的依据。

形的基本要素:点、线、面、体,各自有虚、实之分,彼此间又可相互转化。

基本形:具有一定几何规律的线、面、体。

形与形的基本关系:分离、接触与联合;叠加(覆盖、透叠与差叠)、减缺与重合。

基本方法：

单元类：骨架法(可见或隐含)与聚集法(集中或发散)；

分割类：等形、等量、比例数列或自由分割；

空间法与变形类。

前两类运用普遍，后两类在此少用或基本不用。

再对形式美法则作出提示，即：对称(左右、平移、旋转和膨胀对称)，均衡，比例(如等差、等比、平方根数列和黄金比)，节奏(重复、渐变、韵律)，对比和多样统一。

从几年内所创作的数百件平面构成、立体构成作品中各挑选出几十件加以剖析，可谓其中之"精"品，它们除了有各自的独到之处外，还有着共同的特点，现归纳如下。

1.以"简"为先

构成起始于简。简，

体现在"少"——基本形的种类不多于三种；

体现在"简"——采用简单、规律的几何形，如：矩形、方形、圆形或立方体、长方体、正锥体、圆柱体等(以上两点，在作业指示书中已作出规定)；

体现在"主"——从某种构成方法入手，在构成过程中，再逐步使其丰富和富于变化。与此同时，也要注意做到层次分明、新形源于原形，并将变化归于规律，以达到更高层次的"简"。最后，通过材料、色彩的协调得到既丰富多彩又统一而具有整体性的成果。

2.以"变"求活

简，并不意味着简单、单一和单调，因此，通过基本形和构成手法的变化得以活跃，得以丰富是十分必要的。

通过分割手法、基本形相似形的采用，以及形与形、形与骨架关系的处理等，不仅能使形丰富多变，而且可以产生新形；格网的偏转、叠加或部分消失可使规则格网产生变异，从而使构成具有动感，或在规律中寻求不规律；而点、线、面、体之间的转化可生成与整体相适应的虚面、虚体，或形成空间及容积，进而增强作品的趣味性，并能激发对作品的想像力。

因此，生成新形、变异格网和转化要素均是变幻的重要手段。

3.以"合"为贵

合——综合。力图找出由单纯基本形、单纯要素或运用单纯手法创作的好作品的努力无疑是徒劳的。凡是好的作品必然是多种元素、多种因素被雕琢、被搓揉、被交融、被综合的结果。以"要素"为例：看似单纯的线构成，却会构成虚面，甚至隐含虚体。综合，是直面于众多构成手法及形式美法则的基本态度，而综合的必要条件是：作者在运用构成手法及形式美法则的过程中不断地对其加深理解、融会贯通，才能更为得心应手地将其用于创作实践。

4.妥善处理下列关系，也是作品"上乘"的条件

不对称中的均衡，对比(曲直、虚实、大小)与统一，中心与完整性——突出重点与关注全局(当作品的完整性很强时全局即为重点)等，均为艺术审美中的辩证关系与重要规律，在创作中妥善地对其加以处理，必然有利于改善作品的品质。

诚然，在选择剖析作品时，除考虑质量"优"者外，还兼顾了类型的多样化。

(三)内容——解析之三

对每件作品的剖析均包含三部分内容：除了创作成果的图片外，尚含文字说明及分析图。

构成作品的基本类型(以何种元素构成)、基本形(或基本单元)和基本手法概括出构成的核心特征，故此三项内容首先被突出于文字说明之中，以便使读者能一目了然地掌握其关键所在。在"特点分析"中，较为详尽地剖析了该构成的创作过程、造型特点以及视觉效应，必要时还对材料与色彩的运用以及它们在构成中的作用加以分析。

"用图说话"是建筑学最恰当的表达方式。剖析中所含的2~4张分析图可使创作构思、创作过程更为直觉，更易理解；分析图的徒手制作进而强化了"过程"概念，以示与成果的区别。针对平面构成抽象而难以入手的特点，平面构成的分析图偏重于按构成的步骤作出分解与描述，彼此间具有较强的连续性，以便体现构思的过程；而立体构成的分析图往往包含着作品的最初原型、基本单元、平面关系等内容，分别表述了构成的要点。分析的顺序一般按照从大到小、由主及次、先实后虚的原则。从大到小与由主及次的原则易于理解，分别为：从整体到局部以及由主形、主要手法波及其变异和关联。先实后虚的原则多用于立体构成。观察那些含有或隐含虚面、虚体，以及形成空间的线构成、面构成，若将其视为由实体转化而来，也许更容易被人接受、理解。如果在创作过程中运用先实后虚的思路，可使操作更为简便，推敲更为容易。

不可否认：事隔多日后，他人的剖析可能较为理性，而与作者本人的实际构想也许有所偏离。其缘由不难理解，一则构成作为一种创作，别人难以完全理解创作人的独立见解；二则剖析的"解"往往是多元，而非惟一的。

最后，我们希望剖析的作用不仅限于帮助对所选作品的理解，而且通过较系统的分析，能对今后作品创作的思路有所启示，对创作技巧的运用有所指点。

四、构成的再认识

通过多年的构成教学，我们体会到：形态构成理论的最大优势在于提供了一种易于学习把握、易于操作实践的"生成新形"的方法，而如何在具体的操作过程中通过不断地比较、分析，感悟、理解来提高自身的造型能力，把"新的形象"升华为"美的形象"，尚需借助于形式美法则及视觉心理学等相关知识的支持。对此，我们作了初步的探讨，简述如下。

构成知识的范畴涉及到三个方面：一是关于视觉生理的知识，二是关于视觉心理的知识，三是关于形式审美的知识。这些相关学科的知识，在其各自的领域内，经过专业人员卓有成效的研究，取得了很大的成绩。尤其是以视觉为基础的心理学知识以及形式美的原则，直接支撑了形态构成这门学科。我们能看到什么，这是一个视觉生理问题；我们怎么看，这是一个视知觉的问题；我们观看的感受如何，这是一个形式美学的问题。

(一)视觉心理知识对于形态构成学习的必要性

根据知觉理论的研究，人对外部世界的感知并非像照相机摄取外部世界那样，是一个机械过程。我们对于外界的感知，是由外部世界和我们的心理共同构造的，即所谓的"心物场"(psycho-physical field)。我们感知的世界之所以不同于物理学家描述的世界，是因为我们对于世界的体验是经过我们的感官而形成的，感官是我们感知世界的中介。因此，我们感知的世界是从内部构造的心理表象。例如，颜色这个概念，对于物理学家而言，是一定频率的电磁波，如果不经过人的感知，所谓的电磁波是没有意义的。通过我们的感知，红、黄、蓝的色彩意义才显现出来。所以，我们的知觉是心理构造，而不是现实的记录。

在形态构成中，我们将那些简单的点、线、面、几何形体作为构形素材，也是基于这样的认识：一方面是这些"素材"客观存在，具有几何学的意义；但另一方面，这些"素材"能够使我们心理产生不同的感受和意义。

形态构成对于形式的属性划分也借鉴了心理学的成果。心理学家将那些不依赖于主体，而是物象本身所具有的固有属性，如广袤、形状、运动称为第一属性；将那些借助第一属性并在我们心中产生各种感受的属性，如色、香、味等，称为第二属性。形态构成中将点、线、面定为概念属性，将肌理、颜色等定为视觉要素，从中可明显看出二者之间的继承关系。

如何感知形体显然是我们更加关心的知觉理论问题。知觉理论关于这方面的解释大致有三种不同的观点：一是经验主义的，即我们过去的经验帮助我们推断目前感受的刺激所表现的物体性质。二是格式塔的观点，认为知觉是有组织的，而且知觉单位的形成以及图形在背景上的显示，都是以先天给定的规律为基础的。组织过程有选择地将世界的一些元素统一在一起，这些元素之间发生某些联系，由此产生的完形整体所具有的性质是其组成部分根本不具备的。它强调了元素之间的联系。三是刺激论的观点，认为环境中具备了解释知觉世界所需的全部信息，这些信息根据观察者的取舍，使观察者得到不同意义。它不对心灵作假设。这些知觉理论大都非常重视视知觉的研究，因而这方面的知识对于形态构成而言，具有直接的理论指导作用。尤其是格式塔心理学的理论，被大量引入，甚至移植于形态构成的理论之中，成为形态构成的重要基础。构成的基本含义就是通过基本形的组合，重新构建具备新的感受意义的形体。它承认视知觉的组织规律，并利用这一规律来组织形体。

(二)有关格式塔心理学的规律

(1)心理有偏向简单的倾向。认为知觉系统对于简单的、有规则的、对称的图式有偏好，反映了大脑的自发组织过程。也就是说，人对现实世界的图形刺激的反应取决于知觉表象的简单化。这就是所谓的简单化原则。人们一方面倾向于简单形体，另一方面，对于复杂形体，人们也倾向于将其分解为简单的形体来加以把握。

(2)图形—背景关系。人在认知物体时，将一部分作为形体，而将另外一些部分作为背景。深色的、较小的、对称的、垂直的、水平的区域往往被感知为图形。边界划分是形式划分的基础。

(3)连续性好原理。人们倾向于将相互对准或能平滑相接的部分或单位组织在一起。

(4)邻近性与类似性。将相互邻近或类似的单元组织在一起。相似可以是色彩、光度、形状或方向。

(5)超闭合性。能感知到重叠图式中被遮挡的部分。

(6)图形—背景的转换。感知到有意义的内容是两可的，可以相互转换。

(7)过去经验的作用。过去的经验在一定程度上影响我们的形式认知。人的偏好往往是难以改变的。

(8)注意。知觉的重要因素，意味着我们可以有选择地将一些形体部分纳入我们的意识中心。

上述的规律被直接运用到了形态构成之中。在形态构成的理论中，将原始的、简单的几何形体如方、圆、三角等作为构成的"原材料"，对于这些简单、有规律的形体的选择正是基于格式塔心理学中的简单化原则。形态构成中的方法，如骨架法、聚集、分割、移位、空间围合、变形等，也都是基于格式塔的学说。这些方法以视知觉的规律为基础，因而具有一定的科学性。本书在解析案例时运用的方法，同样也遵循了这些理论原则。比如在分析中强调视觉中心(注意)；处理后的形体对原来形体的复归态势（完形、简单化原则）；图形叠加后的多重形式认知解读（超闭合性、图形—背景转换）；对位关系(连续性好原则)；边界处理（图形—背景关系）等等。上述分析方式具体地体现了视知觉理论的运用。

(三)心理学和美学理论对形态构成的支持

一般认为存在着两种不同层次的美。一是由颜色、声音、形体、动作等构成的、不带有社会内容而具有原始、生物内容的简单形式美；二是往往与这些简单形式美相融合，而又包含了社会内容的美。与之相应，美感的心理结构也有两个层次，即生物性美感能力和社会性美感能力。前者是情绪性的，被认为是美感心理结构的低层次；后者属情感型的、精神性的，被认为是美感结构的高层次。据此，形态构成的审美显然处于前一种审美层次，即生物性的审美。极端的理论甚至否定这种简单的形式美，认为它所引起的愉悦感受不是美感，只是一种生理快感而已。但是多数人仍然承认其中有形式美的存在。即使是把简单形式的审美放在所谓生物性的低层次上，也决不意味着其审美的价值就会因此而减少。何况对于所谓生物性的审美这种说法也大有可商榷之处。因为,即使对于形态构成中所体现的形式美,也非人人生而知之,并能自然而然地全数把握。它同样需要学习、需要长期熏陶,并非完全基于本能。

前人总结的形式美法则对于形态构成依然有效。所谓形式美,在美学意义上,指的是有一定形、色、音构成的形式之美。无论是自然界还是人工产品,都存在着形式美。毫无疑问,形式美同样是基于人们的认知。也就是这样的认识,使我们有理由认为,形式美法则有了心理科学的基础。

形式美的法则:对称、均衡、比例、节奏、对比、主从、层次、完整、多样统一等。这些法则都可以在认知心理中,尤其是在格式塔心理学中,找到相对应的解释。形式美法则的核心是规律,而规律正是认知的基础。在这一点上,我们又回到了格式塔的认知原则。

总之,形态构成以认知科学和形式美法则为基础,为目的。它应该是从人的生物性心理和审美出发,来处理形式及其结构的关系。这些形式不是来源于对其他物象的抽象,因而是简单的、基本的,是不需要诠释的。它的美是直击人心的。可是,由于各种原因,我们有时对于这样简单的形式美却感觉迟钝,甚至丧失,故需要重新学习和培养这种形式美感。形态构成就能帮助我们进行这样的训练。我们利用形式规律、认知规律,造就有意味的、美的新形式,这就是形态构成。

图　　解

自从构成教学在我系稳定、定型的20世纪80年代中起,每年在一年级的第一学期均安排42学时(课内、课外各21学时)进行平面构成训练,安排56学时(课内、课外各28学时)进行立体构成训练。

我们从近年来学生创作的平面构成、立体构成作品中各挑选出50件加以解析。

平面构成

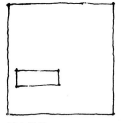

基本单元

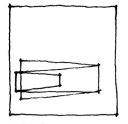

形的重复

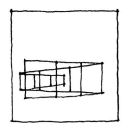

形的深化

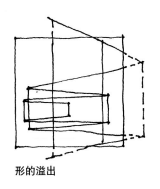

形的溢出

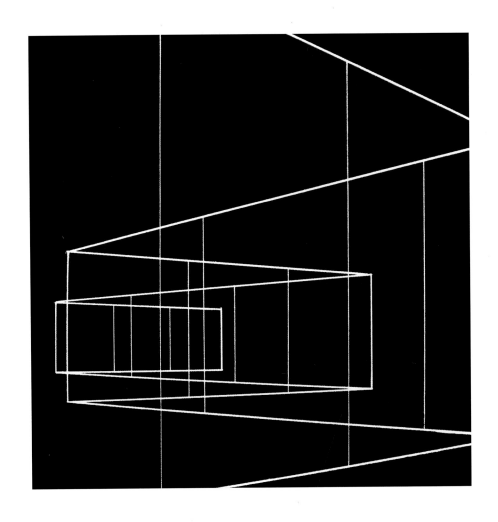

基本类型：**线构成**
基本单元：**梯形（线框）**
基本方法：**形的重复与聚集**
特点分析：

　　采用两种线型。稍粗线型构成五个不等腰梯形线框，构成手法是：以最小梯形的长底作为短边，翻转180°，构成下一个线框梯形，如此重复四次，直至溢出图底。由于梯形由小变大，并具有"折叠"的连续性，故形成了立体的透视效果。稍细线型为垂直线，每个梯形内均有两条，将梯形三分，它们不仅使构成更为丰富，而且还加强了立体感。

　　由于规律构成中的灵活处理，如：梯形不相似且不等腰，垂直线在梯形内位置的变化，以及图形的溢出使构成在规律中富于变化等，从而在不对称中求得均衡。

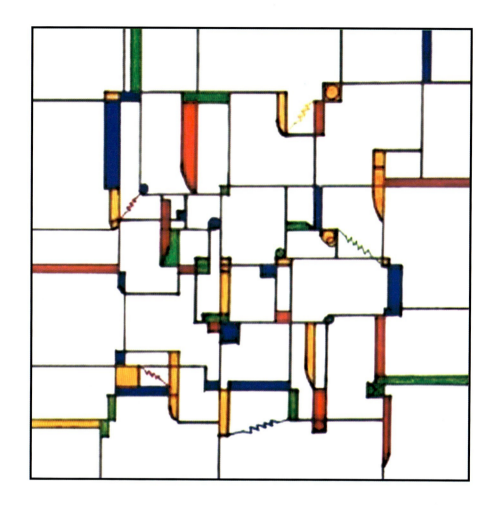

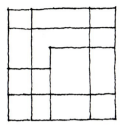

形的第一次分割

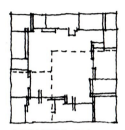

完形的塑造与突破

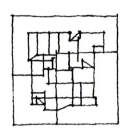

形的第二次分割

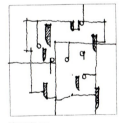

线形单元

基本类型：线构成

基本单元：长方形与线

基本方法：形的分割与线的聚集

特点分析：

　　该方案采用了形的分割与线形单元聚集等构成手法。它的突出特点主要表现在两个方面：一是形的二次分割，一是线形单元的个性化处理。形的第一次分割确立了图形的整体结构关系，第二次分割则是对中央方形面的强调与深化，使之真正成为图形的重点所在。该设计的线形单元并不局限于线形的粗细变化，而是在保证统一尺度的前提下在形状、色彩上有更进一步的变化。这些变化都为整个设计的活泼、变化乃至个性创造了条件。

基本类型：线构成
基本单元：线及矩形（线框）
基本方法：形的重复与聚集
特点分析：
　　一组相互平行而间距又不相等的斜线将图底进行分割；一组尺寸不同的矩形线框垂直地与其相交、重叠或透叠。矩形线框由白色粗线构成，时而又呈中空的双线，两者的取舍依构图所需而定；还有少量另两方向的斜线，形成锐角，使构成活跃而生动。图中线条按粗细可分为四种。
　　为了均衡图面而在左下角出现的两个面，其形状与方向显得与整个构成不够协调。

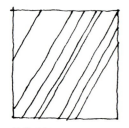

斜线重复

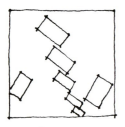

矩形重复

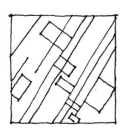

两形叠加

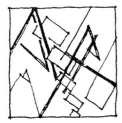

另类斜线

基本类型：线构成
基本单元：线、矩形及三角形
基本方法：形的分割与线的组织
特点分析：

　　以一组不规则格网分割图底，以另一组斜线同样不规则地与此格网相交，使其更为丰富和活跃，同时又形成斜向宽线(窄面)以及三角形。由于直线与斜线的间断、转折、重复与错位，不仅使图面灵活多变、均衡有序，而且形成宽、窄略有差异，长、短各不相等的水平、垂直方向宽线(窄面)。

　　图底为白色，所有的线均为黑色细线，宽"线"则填以鲜艳的红、黄两色，三角形也只小面积着"灰"，致使构成精巧而秀丽。许多线条在闭合后再行交叉，又为构成增添了一份俊俏。

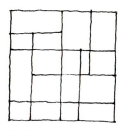

矩形分割

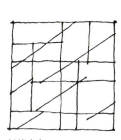

斜线参与

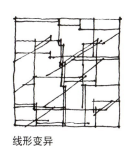

线形变异

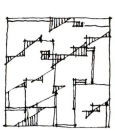

面的强化

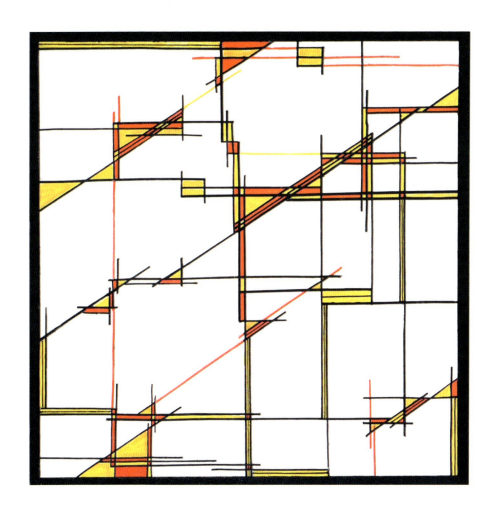

23

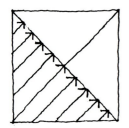

黑白关系与图底转换

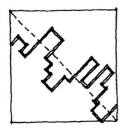

边界处理

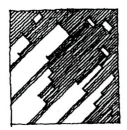

单元的排列方向及其体量对比

基本类型：线构成
基 本 形：组合线段
基本方法：单元聚集与叠加
特点分析：

  该设计有三个突出的特点。其一，以图幅45°对角线为分界线，确立图底、实虚的对比关系，形成方案鲜明个性特色；其二，以组合线段(方点+直线段)为基本单元，以另一对角线为排列方向进行聚集组织，强化了整体的秩序性和统一性，并形成了图底转换的效果；其三，通过对基本单元宽窄、长短、深浅、上下的变化处理，以丰富并加强图形的层次性和趣味性。

基本类型：线、面构成
基本单元：正方形
基本方法：单元的重复与变化
特点分析：

  单元法制作的平面构成容易显得单调。因此，如何使得单元有变化是一个关键问题。这个作品采取了如下步骤将单元加以变化：首先，在一正方形图面上安排三组水平的S形线条和垂直的直线构成的图形，然后将此图形九等分，再将分割后的单元重新组合。由于单元之间不尽相同，因而产生了似是而非的趣味形式。之后，用复线方式设计了分割单元的界线，并辅以线条宽窄、颜色的变化。在规则的分割中引入了活跃变化的要素，给人总体的印象是既严整又活泼。

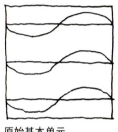

原始基本单元

划分的可能性

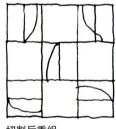

切割后重组

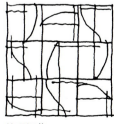

处理细节

基本类型：线、面构成
基本单元：三角形和方形
基本方法：格网的变异与叠加
特点分析：

　　正交及45°斜交的两种不均匀格网相叠加，形成了方与三角等形；面的处理相对集中在图面中心，呈现若干个正方形，正方形沿斜向又有重复；中部再添加一正向异色小正方形。

　　面和辅助线的色彩偏冷偏重，与黑色图底融为一体，稳重而含蓄；由于蓝色相对集中在中部，使偏于中部的正向方形较为突出，并与红色方形相组合，形成均衡的构图。白色格网在浓重的整体中形成亮点，但稍显凌乱。

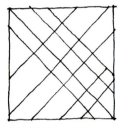
斜置格网

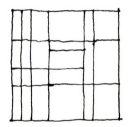
正交格网

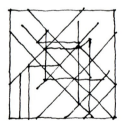
格网叠加

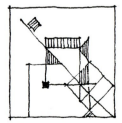
形的重复

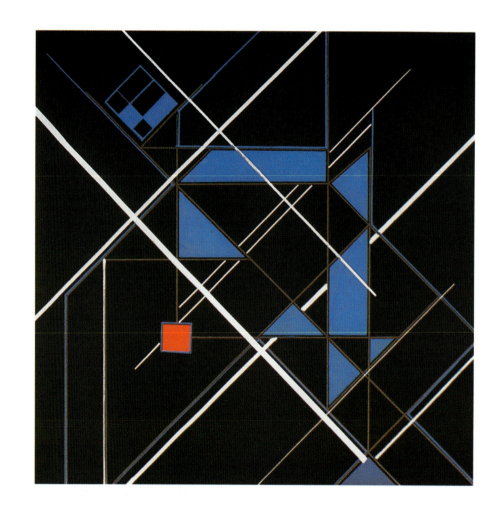

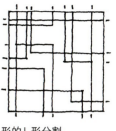

形的L形分割

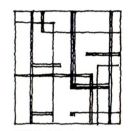

线的聚集处理

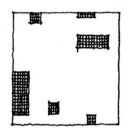

深色面层的聚集处理

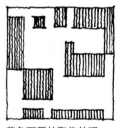

黄色面层的聚集处理

基本类型：线、面构成

基本单元：长方形与线

基本方法：形的分割与线面聚集

特点分析：

　　该设计与常规的线面分割手法相比较，具有如下突出特点：一是以L形线段代替直线段进行面的分割，使分割形成的各个面具有直线段分割所没有的明确的遮挡、透叠、减缺等位置关系，构成了方案的一大特色；二是在对色彩处理的基础上，对粗细不同的分割线进行了群化处理，使方案更加丰富生动。

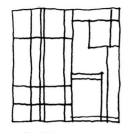

正向骨架

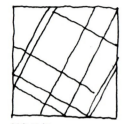

斜向骨架

两种骨架叠加

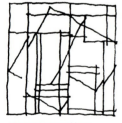

处理骨架之间的形

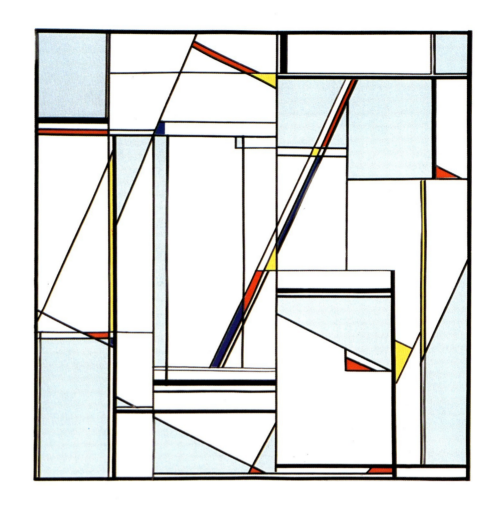

基本类型：线、面构成

基本单元：矩形

基本方法：形的分割与叠加

特点分析：

  有两组网格参与了划分，一组为正向，一组为斜向。由于这两组网格的相互作用，产生了若干矩形和三角形。原本以矩形为主的划分，却产生了三角形这样的副产品，使得形的类型丰富起来。分割面的线条采用了复线的方式，即多线组合的方式，并在其间增加了色彩的变化。这样，细部既丰富，作品又显得精致。色块的安排以灰、白为主，少量的红、蓝、黄散落其间，布局均衡，且成为活跃的要素。

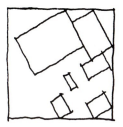

矩形组合关系

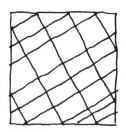

确认骨架

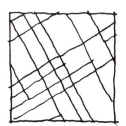

取舍线条

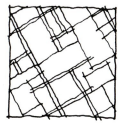

寻找线面

基本类型：线、面构成
基本单元：矩形
基本方法：形的划分与形的重复变化
特点分析：

　　首先在正方形的底盘上，用倾斜的网格进行划分。其目的是在底盘上划分出相似形。之后，对这些线条进行取舍，在其间找出一些矩形和长方形。在此基础上进行了图底的区分，将大部分的区域处理成黑色底，而其他部分以线条和色块方式出现。处理时，注意了均衡和变化，细节也注意到了，例如线条相交处以点的方式作了处理。总体印象是层次清晰而富有变化。

基本类型：线、面构成
基 本 形：方形、三角形
基本方法：形的分割与重复
特点分析：

  四个不都完整的直角三角形沿45°斜线方向将图底分割；它们的平行线以及垂直线形成的直角三角形与其重叠，大小不等，并构成少量的梯形和正方形；最后再将这些形处理成"黑、白、灰"面。

  该构成的灰面处理很有特色，是在蓝底上复以细白格网而成的，因而仅用蓝、白两色即可解决黑、白、灰等三种层次，干净而雅致。利用重叠和透叠的手法使黑、白、灰面的布局穿插、均衡。线条在围合后的继续延伸形成明显的交叉，丰富而生动。

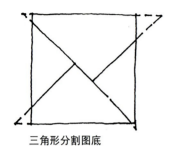

三角形分割图底

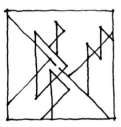

三角形相互叠加

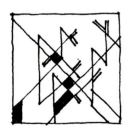

线段端部的交叉

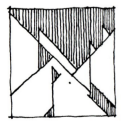

灰面以格网处理

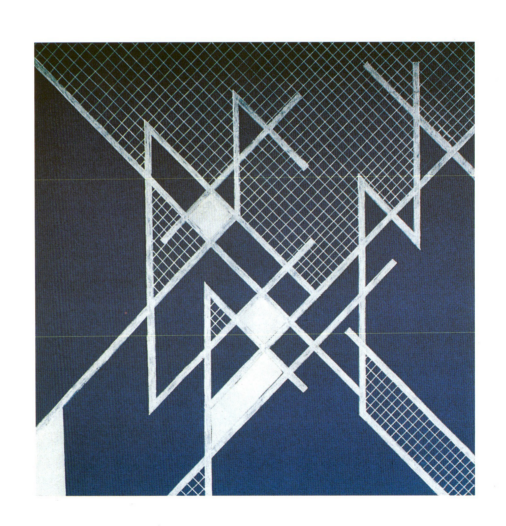

基本类型：线、面构成
基本单元：线、矩形与正方形
基本方法：格网变异与形的重复
特点分析：

　　正交格网旋转一角度，并有间距变化，构成的形分别采用黑、白、深灰色。中心部位集中了体量最大的四个深色正方形，也集中了丰富而细腻的处理手法，如：格网的细微错动形成的动感，格网线的虚实转换以及黑、白形的重叠产生强烈对比等，这一切均加强了这组形的重点地位。构成中其他部位的处理均与中心相匹配、相协调，从而取得整体的均衡。特别是小面积的黑色正方形，在白色图底上起到了画龙点睛的作用。

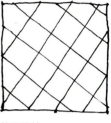

格网旋转

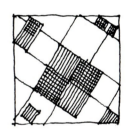

形的布局

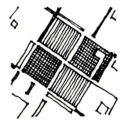

集中处理

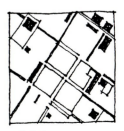

画龙点睛

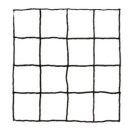

原始骨架

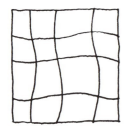

变形的骨架

引入更多曲线

处理细节

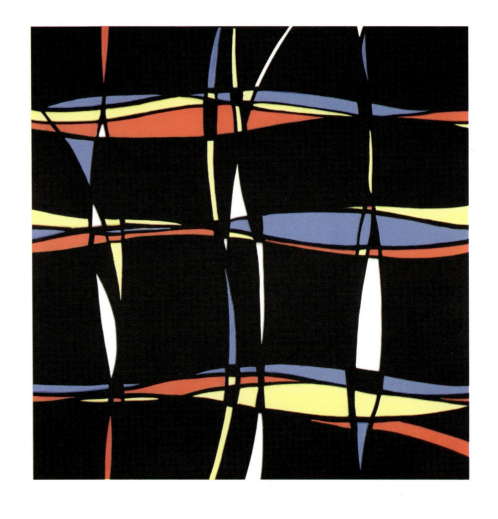

基本类型：线、面构成

基本单元：曲线

基本方法：形的分割、移位与重组

特点分析：

  这个作品的特别之处在于：用复线的方式来划分正方形，纵横各三组曲线将黄色的底盘分割。为了突出线条的存在，并强化对比的关系，作者在曲线之间填入了颜色。作为背景的黑色起到了统一整个作品的作用。看似随意、自由的布局，其实是有章可循的。

基本类型：线、面构成
基本形：三角形
基本方法：形的分割与重复
特点分析：

若干三角形分隔图底,在与少量水平线相遇后生成以大小变化的三角形为主,并辅有梯形、平行四边形等新形的形体组合;然后对这些形进行处理,或重叠或透叠。

在色彩的选择上用强烈的蓝色和白色来突出正三角形,其他部分采用中间色——蓝灰。作者试图利用两侧白线来强化黑线,从而突出线的层面,但由于勾勒过于平均而效果不甚理想。

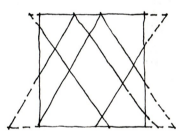

三角形分割图底

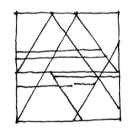

水平线与形相交

新形组合的生成

基本类型：线、面构成
基本单元：等腰直角三角形、矩形
基本方法：形的重复与变化
特点分析：

　　首先确定了一组等腰直角三角形和方形聚集的组合，在组合时采用了特定的角度，即45°的角度。这样，为扩展各方向的形奠定了基础。通过延长边界线，使形得以延展，增加了新形。这些新形自然与原来的形在方位和角度上存在天然的联系。之后，在处理这些形时，作者选择了突出分割线的方案。引入黑色和白色作为主要的分割线，使其在大面积红色图底上形成了突出的形象。这些黑、白的色块还填充了部分小三角和方形，进一步强调基本形的存在。

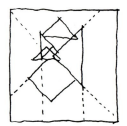

原始的组合

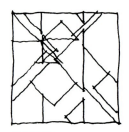

各向延伸

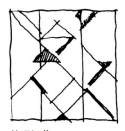

处理细节

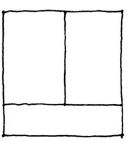

将图底分割成三个矩形

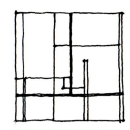

再分割线使三形相关联

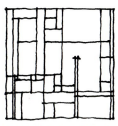

均衡且疏密相间的构图

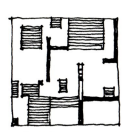

着色矩形布局均衡和谐

基本类型：线、面构成

基本单元：线与矩形

基本方法：形的分割与重复

特点分析：

　　用水平、垂直线将图底分割成三个矩形，然后由大到小，从粗到细，逐渐深入地将其细分成大小不等、形状各异的形，直至形成大小相同、疏密有秩的良好构图。产生的形基本上为矩形，部分呈线形，仅有少量正方形，极个别呈"点"状，从而形成大小、繁简的对比。色彩布局妥贴、完善，所有的形均有黑线作边框，与白色图底组合成清爽靓丽、匀称和谐的构成。右半部分中的"线形"包含四种颜色，并垂直地插入面积最大的白色矩形，它使规律构成产生了活力，并成为全局的亮点。

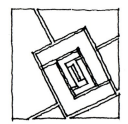

方向偏转及比例分割

面层的聚集组织

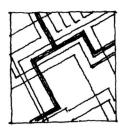

线层的聚集组织

基本类型：线、面构成
基本单元：曲尺形与直线段
基本方法：形的分割与线面聚集
特点分析：

　　该方案从方向偏转开始，在比例分割的基础上分别对面层线层进行了重复、层化处理，最终取得了较好的效果。总结其经验有二：其一，按比例分割所取得的渐变效果在深、灰两色的刻意经营下产生出明确的空间感，使原有的层次关系更为突出；其二，面层和线层的巧妙组织，纠正了因形的分割而造成的画面重心偏离的问题，从而在整体上取得了均衡与稳定。

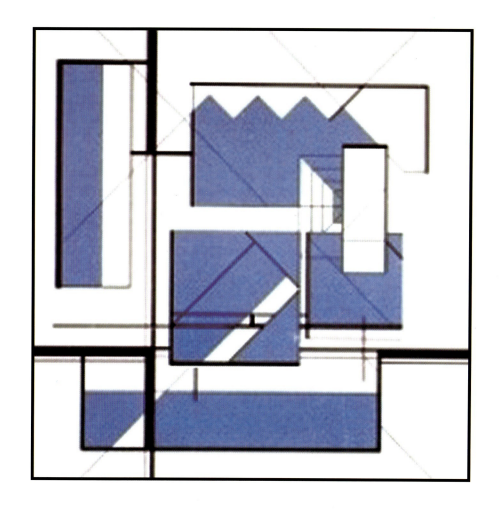

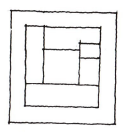

形的分割

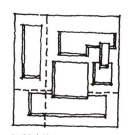

切割移位

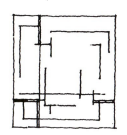

垂直平行线层的组织

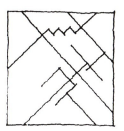

45°斜线层的组织

基本类型：线、面构成

基本单元：正方形、长方形及直线段

基本方法：形的分割与位移

特点分析：

　　该方案可以分解为面、线两个层次。面层作为整个画面的主体，主要是通过对正方形原形分割、移位、叠加而完成的。分割后的各个面虽然大小不同、形状各异，但在原形的有效约束下仍能和谐共处，浑然成趣；线层主要起着丰富、衬托的作用。垂直与水平方向的线段或者强化面的分割关系(如十字线形)，或者以其边缘的形式刻画各个画面的层次位置。而45°斜线层则主要起到柔和图底关系的作用。

基本类型：线、面构成
基本单元：线与三角形
基本方法：形的分割与线的组织
特点分析：
　　该方案的处理可以概括为两个步骤。第一是通过形的分割与位移，确立设计的大的黑白关系和虚实关系，并建立起方案的图底转换关系；第二是线层的组织。它是在一系列暗含的直角三角形关系的制约之下，通过粗细分层而完成的。线段之间的内在对应关系对于各部分间的协调乃至整体的统一都起到了突出而重要的作用。

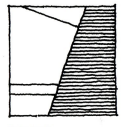

形的分割

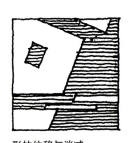

形的位移与消减

直角三角形对线层的制约作用

线的聚集组织

基本类型：线、面构成
基本单元：圆形、矩形
基本方法：形的分割与叠加
特点分析：

　　将圆形与矩形按45°和135°方向进行交叉分割，并按一定规律进行位移，然后使两者分割后所形成的子形叠加。由于注意了两者之间的大小及疏密对比，使整个图形表现出明显的韵律感。同时，分割后的圆形位移有度，基本上保持了原形的特点，从而形成图面的统摄主体；稍显无序的几块矩形也因此而有所归依。

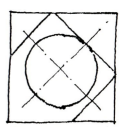

圆形与扭转的矩形骨架

圆形的分割、移位

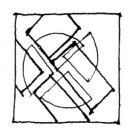

矩形的分割、移位

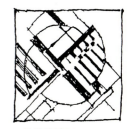

面的线化处理

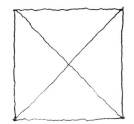

基本骨架

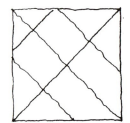

进一步的构架

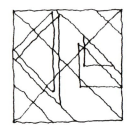

强化单元的存在

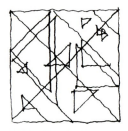

处理单元之间关系

基本类型：线、面构成

基本单元：三角形

基本方法：形的划分及单元的重复和变化

特点分析：

　　首先将正方形划分成以对角线为界的四个直角等腰三角形。这一组对角线所形成的×状骨架，成为该作品的基本架构。以此为基础，将若干大小不等的等腰直角三角形加入其中，并采用了消减、叠加等手法，一定程度上减弱了×骨架带来的呆板、单调的感觉。在三角形的分布上，注意了大小和疏密的关系。同时，通过对位关系，再现了方形在其中的存在。作者还对图形的外框作了强调，进一步强调了方的存在。色块的运用也使得对形的解读出现了多义性，这是丰富形式的又一手段。

基本类型：线、面构成
基本单元：圆形与线
基本方法：形的聚集和叠加
特点分析：
　　这个方案利用主从关系作为主要手法。首先引起人注意的当然是中部的圆形和1/4圆形的组合体。这个相对庞大的主体成为了统摄整个图面的主角，而作为背景的线条，虽然与圆形在形式上有巨大的差异，但是由于处于仆从的地位，并不能在视觉上呈现出对立的感觉。在形体之间进行叠加时，还运用了剪切手法。整个图面结构为中虚外实，以虚为主。

基本形

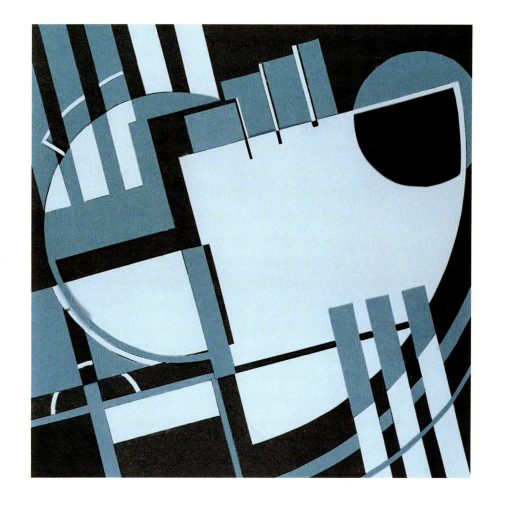

斜向划分

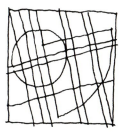

二者叠加

处理细节

基本类型：线、面构成
基本单元：正方形、三角形
基本方法：形的划分
特点分析：

　　这个设计可以看作是对正方形划分的游戏。在划分的过程中形成了若干大小不等的等腰直角三角形，这些划分所得的三角形，分布于几个相对独立完整的区域，形成了由四个边角围合而成的中间区域。自此基础上进行再划分，并将用于形的叠加和划分的线条作了强调。另外，运用颜色时注意了分布的均衡性，同时还利用了覆盖等手法，丰富了层次关系。

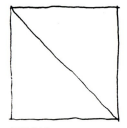

原始划分

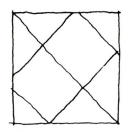

再划分

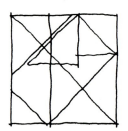

打破对称的划分

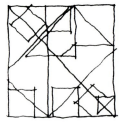

处理细节

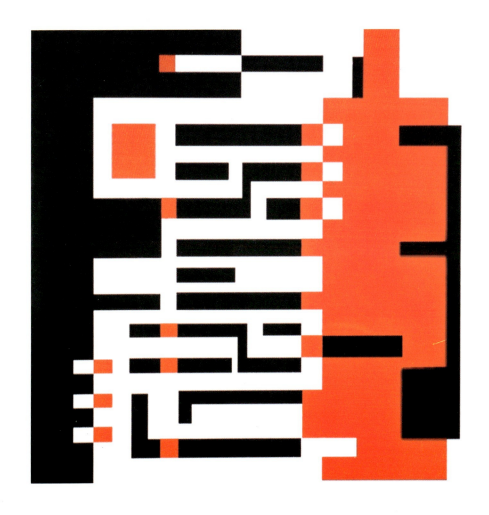

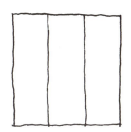

划分主要区域

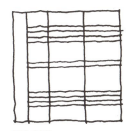

横向划分

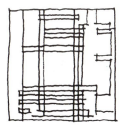

主要虚实关系

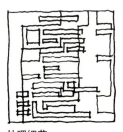

处理细节

基本类型：线、面构成
基本单元：矩形
基本方法：形的分割
特点分析：

　　将图面大致垂直划分成三个区域：即以黑色为主的左边、以白色为主的中部和以红色为主的右边。以此为基础，进行再划分。划分时安排线、面变化，特点是内虚外实。中部为线，两侧为面。在处理形时，采用了减缺、移位等手法，注意了对位关系。另外，色块的安排上还注意了两侧的平衡，红色区域和黑色区域相互渗透，并在对方点缀了少量色块。

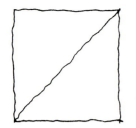

基本布局

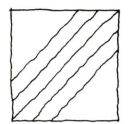

强化斜向的骨架

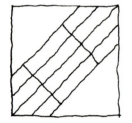

确定主体位置

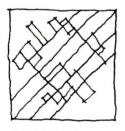

丰富主体的轮廓

基本类型：线、面构成
基本单元：矩形
基本方法：形的聚集
特点分析：

　　以对角线为界，划分成左上和右下两部分。然后，围绕中间的方形安排若干大小不等、比例不一的矩形。在处理矩形的关系时，采用了叠加和移位等手段。尤其注意在色块咬合部位变化颜色，增加了形的解读的多义性。这些矩形的安排特点是：以居中安排为主，注意大小、疏密的变化，在周边安排多组小的色块，作为平衡整体的要素。

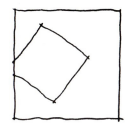

主要形之一

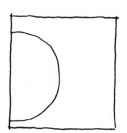

主要形之二

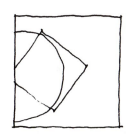

二者叠加

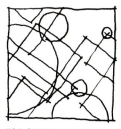

引入相似形

基本类型：线、面构成
基本单元：矩形、圆形
基本方法：形的组合
特点分析：

  为了突出这些形，作者将所有的形在底盘上旋转了45°，然后在中间区域安排了主体——一组由圆形和方形组合而成的形体。之后根据平衡的原则，围绕这一主体布置了若干圆与方，当然，这些形在体量上比主体的形要小得多。在处理形体之间的关系时，运用了减缺和覆盖的手法。整体的结构关系是内紧外松。

基本类型：线、面构成
基本形及其子形：长方形、直线与三角形
基本方法：形的分割与聚集
特点分析：

　　该设计可以理解为三个层次的处理。首先是形的基本分割，确立了方案大的黑白、虚实关系；其次是子形的叠加与旋转，给整个设计带来了动感变化；再者是线层的聚集处理，构成了整个画面中最突出、跳跃的部分。其中线层与面层的有机结合，不仅强化了整体的秩序感，而且使图形更具量感和层次感。

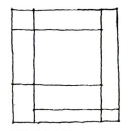

形的基本分割

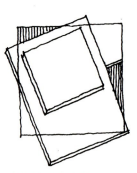

形的叠加与旋转

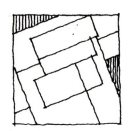

旋转层的划分

线的聚集组织

基本类型：线、面构成
基本单元：三角形与线
基本方法：形的重复与叠加
特点分析：

　　该设计以形的分割为基础，是由一组正三角形和一组直线段的聚集两个层次复合而成的。在面层的组织上充分发挥正三角形正逆两个排列方向的对比与呼应共存的特点，使图形具有很强的方向感和均衡感。而面与面间的遮挡、透叠、减缺等手法的巧妙运用，又使方案有着很强的层次感。在线层的组织上，以疏密相间的垂直线排列为主，并衬托以30°斜线，既保障了自身的完整性，也对面层起到了很好的对比、呼应作用。

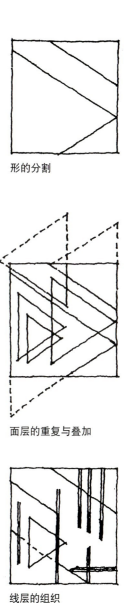

形的分割

面层的重复与叠加

线层的组织

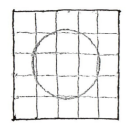

方格网骨架与圆

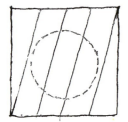

附加的斜向切割

圆的减缺处理

网格与斜向切割的共同作用

基本类型：线、面构成
基本单元：圆形、矩形与斜线
基本方法：形的叠加与减缺
特点分析：

　　以方格网和等量的斜向分割共同组成图面的基本结构，然后按照基本结构的构成特征，对圆形进行大面积的减缺处理，使所产生的新形既活泼灵动，又不失其位居中心的严整特点，同时也与基本结构保持有很好的联系与呼应。在方格网控制的同时，加入效果强烈的斜向分割体系，形成了本作品的突出特点。

基本类型：线、面构成
基本单元：线、梯形、三角形与平行四边形
基本方法：线的面化与形的重复
特点分析：

　　以两种不同方向的斜线对图面中的密集水平线进行分割，并通过平行线间的错位和色彩关系的变化以及形与形的透叠等，使图面中生成多种比例的平行四边形、梯形和三角形。图面效果统一，对线与面的转化处理表现出很强的肌理特性。

密集的水平基线

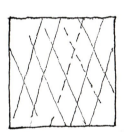

双向斜线分割

切割后产生的相似形

线、面转化和肌理特性

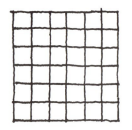

格网原形

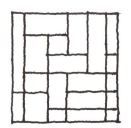

格网变异

黑色单元的组织

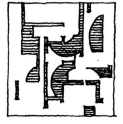

白色单元的组织

基本类型：线、面构成

基本单元：长方形＋弦

基本方法：格网单元变异

特点分析：

　　该设计可以用两个不同的构成方法进行分析理解。一种是格网单元法，一种是等量分割法。按第一种方法理解时，其格网是一种变形移位后形成的非规则格网。其单元则是由长方形、弦和直线复合组成的。它通过各个单元位置的移动、形状及色彩的变化，而产生比一般的格网单元图形更为丰富生动的效果。按等量分割理解时，图面可以分解成黑、白、灰三个层次。每一层都采用了基本相同的单元聚集手法，每一层的"量"也大致相当，三个层次的叠加形成一个既相互对比又相互调和的有机整体。

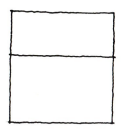

形的基本分割

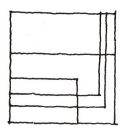

形的进一步分割

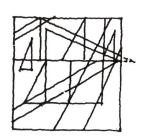

单元的聚集与叠加

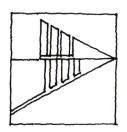

重点的强调

基本类型：线、面构成
基本单元：直角三角形
基本方法：形的分割与聚集
特点分析：

　　该构成可以分解为两大层次，第一个层次是形的分割处理，据此形成图形的大的黑白关系和上下层次关系；第二个层次是单元的聚集和叠加处理，由两组相互垂直的直角三角形所组成。其中竖向布置的一组三角形单元主要起着强化秩序、构成肌理的作用，横向布置的三角形单元起着对比和变化的作用。另外，方案中所运用的色彩、位移以及重点部位的强化处理对于丰富造型都是十分有益的。需要指出的是，位于图面左下角的两条垂直线稍显多余。

基本类型：线、面构成
基本 形：线、圆及矩形
基本方法：形的重复与叠加
特点分析：

　　正交格网旋转、变异，且大部分格网线被消减，出现了沿格网方向重复的矩形，并在与图面边界相遇处出现了梯形。呈线形的矩形与仅留的格网线相结合，形成线形层面，使整体布局层次丰富。

　　圆的参与克服了构成的呆板和单调，并使具有动感的线与矩形得以稳定、活跃。线对圆形进行的分割、圆形之间及与矩形间的重叠和透叠均丰富了构图，线条的红色在黑、白、灰的搭配中十分醒目。

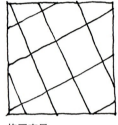

格网变异

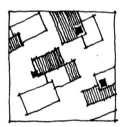

矩形重复

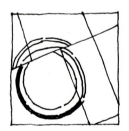

圆形参与

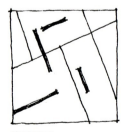

线形层面

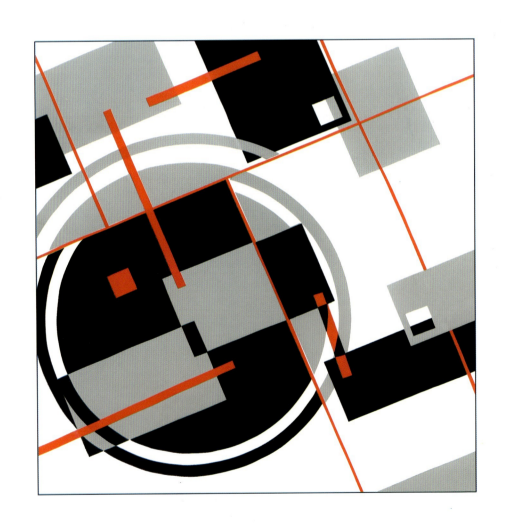

基本类型：线、面构成
基本单元：三角形
基本方法：形的分割与重复
特点分析：

　　非等量的斜向划分，以及数量不多的基本形重复，使整个图形的结构关系简明清晰；而在各基本形中采用了对面的线化、图底关系转换、相似形穿孔等一系列构形手法，增加了图面的层次和趣味。几条垂直线的配置对提高图面稳定性和精致感起到了一定的作用。

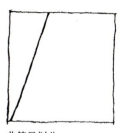

非等量划分

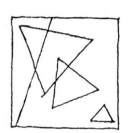

图形结构安排

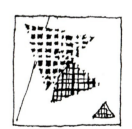

面的线化处理

垂直线交错重复与相似形穿孔

53

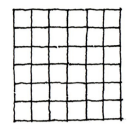

格网原形

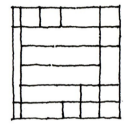

格网变异

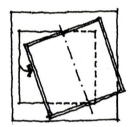

形的偏转与分割

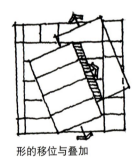

形的移位与叠加

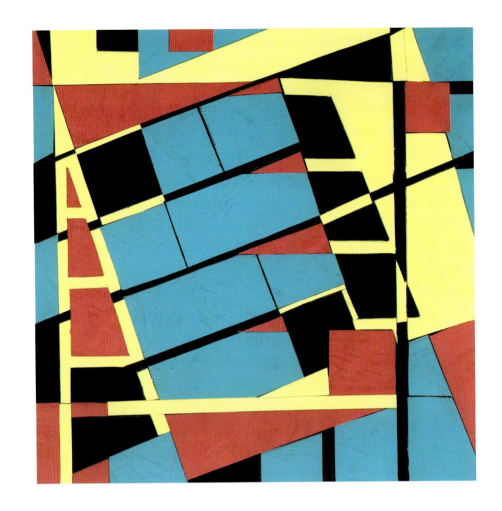

基本类型：线、面构成

基本单元：正方形、长方形

基本方法：格网变异与偏转

特点分析：

  该设计从一个规则的格网原形开始，经过格网的变异处理、核心部位的偏转、分割及其位移，直到色彩的分层组织而最后完成。其中核心部位的偏转、分割以及位移等步骤对于确立方案的动态趋势、方案的个性特色起了最为重要的作用。另外，通过偏转位移生成的一系列直角三角形新形对于丰富层次、活泼造型亦具有十分积极的意义。

基本类型：线、面构成
基本单元：线与三角形
基本方法：形的分割与重复
特点分析：
　　首先对正方形作斜向分割，在此基础上以不同长短、粗细和间距不等的垂直线进行上下交错的布置，使图面产生疏密变化；同时又在色彩关系上，进行了相呼应的处理。直线的群化处理造成图面的统一感；大、小两个三角形则起到点缀和活跃图面的作用。

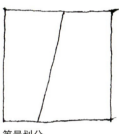

等量划分

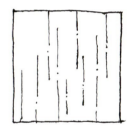

上下交错的分割

三角形的主从位置

疏密对比和对中心的强调

基本类型：线、面构成
基本单元：线、正方形与长方形
基本方法：形的分割与线的组织
特点分析：

　　本设计是在网格骨架的基础上，经过变异和调整而完成的，并以对深色线条的强调，使得各相似形之间具有鲜明的边界特点。正方形在构成中起到稳定和统摄的作用，白、红、蓝三色在量上依次递减，分布均衡有致。线形的穿插和粗细变化以及正方形与长方形的形状对比，使图面效果更为丰富。

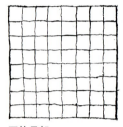

网格骨架

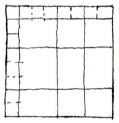

骨架变异调整

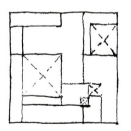

正方形的位置强调

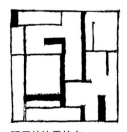

明显的边界特点

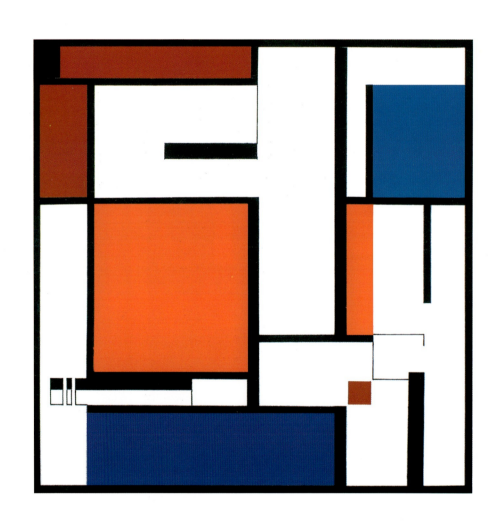

基本骨架

移位处理

消减处理

相似的趣味

基本类型：面构成

基本单元：矩形

基本方法：形的分割与移位

特点分析：

　　将正方形的底面分割成16等份的正方形，再将其中的一条分割线置换成S状曲线。由此开始一系列构成的操作，主要的手法是移位、消减。在此过程中形成了由两组曲线切割而产生的单元。由于S形曲线的参与，出现了单元的差异，这种差异经过了移位、消减的处理，产生了很不规则的形，与起步时的规则切割相比较，有了很大的反差。作者强化了分割线的存在，增强了线、面对比变化，色彩的引入也同样增强了这种变化。

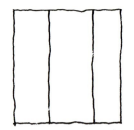

划分主要区域

进一步划分

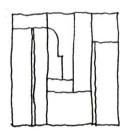

引入不同的形

处理图面肌理

基本类型：面构成

基本单元：线、矩形与三角形

基本方法：形的聚集

特点分析：

　　以垂直方向的线条作为主要的构形要素。大致将图面分成三个垂直区域，然后以此为据，进行再划分。划分的形中，以矩形为主，为了寻求变化，增加了三角形和圆形。这些因素虽然不多，但是起到了与矩形对比的作用。用于划分形的线条被刻意地加粗，成为一种特殊的肌理。线与面的关系相互因借，使得人们在解读该形式时，产生了在线与面之间跳跃的感觉。这也是一种形式的趣味。

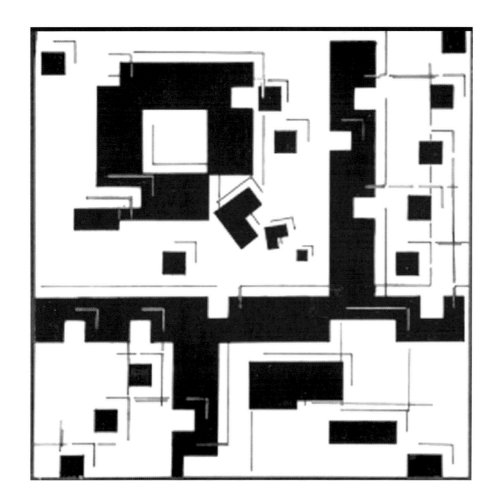

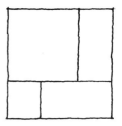

形的分割

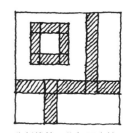

分割线的面化与图底转换的完成

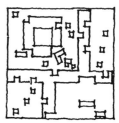

加与减并存

基本类型：面构成
基本单元：正方形、长方形
基本方法：形的分割与重复
特点分析：

　　该方案从形的分割开始，通过对分割线的"面化"，实现了图与底的转换，从而突破了一般的线面关系。为了丰富图面并有效地协调4个形状不同的面，设计采取了加与减并存的方法：既在各个面上"加"点黑色方形单元，又对分割线(面)进行减缺(方形单元)处理，以直接和间接的方式加强了各个面的联系。图中细线层也有着积极的意义，它在暗示黑色面阴影轮廓的同时，加强了图面的空间纵深感。

基本类型：**面构成**
基本单元：**矩形与带有一个圆角的矩形**
基本方法：**形的重复与叠加**
特点分析：

　　错位地将图底分割成四面一点，"点"以红色强化。在四个面中，以矩形和带有一圆角的矩形进行构成，面之间的联系几乎全部采用重叠手法。由于多数矩形在端部带有1/4凸圆，致使许多形附有1/4凹圆，而凹圆全部出现在黑、灰面中，故产生的活力更加强烈。

　　黑、白、灰三色的量基本平衡，彼此穿插，构图中更注重黑面的布局，因为在白色和接近白色的灰色中它们最为明显。中心部位以最大面积的白色来突出，少量的红色矩形均衡地起到点缀作用。

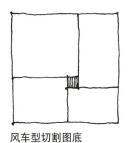

风车型切割图底

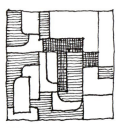

基本单元的重叠

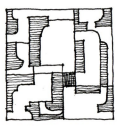

构成的黑色布局

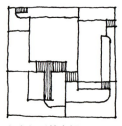

红色矩形的点缀

基本类型：**面构成**
基 本 形：**圆形、正方形**
基本方法：**形的消减与叠加**
特点分析：

　　将基本形分别进行消减处理。在保证其轮廓不变的条件下，对其内部作了若干丰富有趣的纵横转折处理。然后将正方形和1/4圆形叠加，产生透叠的层次效果以及曲与直、黑与白的鲜明对比。右下的圆形起到点缀的作用。构成简明而不失丰富。

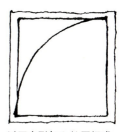

以正方形与1/4圆组成骨架

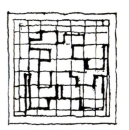

以方格为单元的内部消减处理

两种基本形的叠加

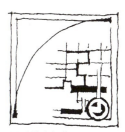

圆形的点缀作用

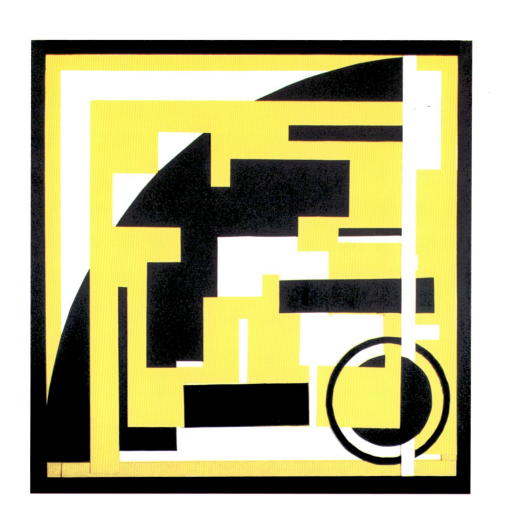

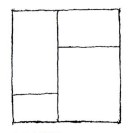

大比例划分

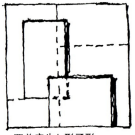

覆盖产生L形子形

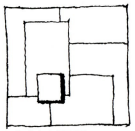

构成中心的强调

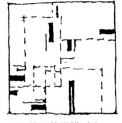

深色线型的纵横对比

基本类型：面构成
基本单元：正方形、长方形
基本方法：形的重复与叠加
特点分析：

　　通过各基本形之间的覆盖与透叠，产生一系列L形的子形组合，图面富于动感和层次感。所有黑色线形均被包容于各子形之内，使子形内容变得丰富，同时也起到了使图面统一的作用。它们之间的方向、长短、粗细等对比又使图面产生必要的变化。

基本类型：面构成
基本单元：三角形
基本方法：形的分割与重复
特点分析：

  整个图面按斜向分割为上、中、下三部分。上、下部分为三角形，中间部分实际上也是由4个三角形组成的，但其给人的直观感受是一个转折90°的分隔"宽带"，从而使图面整体独具特色。通过"即白当黑"的图底转换以及对大量基本形所作的群化处理，使"宽带"部分的"繁"与上、下大片的"简"形成对比。圆形和局部色彩的强调，则为画面增添了活力。

L形带状布局

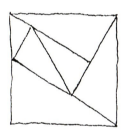
分解为4个三角形

基本形的群化

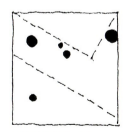
以圆点打破单调感

63

基本类型：面构成
基 本 形：圆形、正方形
基本方法：形的分割与重复
特点分析：

　　以方和圆作为构成的基本要素。通过圆心的移动、错位和半径的递增，产生一系列的子形组合。同时，利用图底关系的转换对方形在构成中的作用加以强化，使其产生面与线、虚与实、大与小等不同的层次变化。整体布局错落有致，疏密适度，并对一些局部进行了色彩处理。

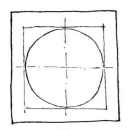

方圆结合的布局

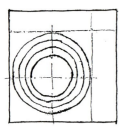

中心偏移与形的呼应

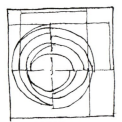

圆形的错动与分割

图底关系的转换

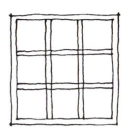

图底按九宫格划分

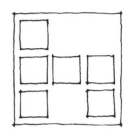

部分单元消减处理

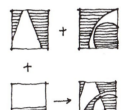

复合形单元的生成

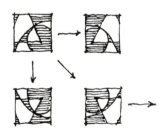

基本单元翻转平移

基本类型：面构成

基本单元：圆弧、斜线构成的正方形

基本方法：格网与单元的变异

特点分析：

将正方形图底按九宫格进行划分，格间留有窄面。根据构图选出六个单元进行细化，其他单元融入图底。

较为简洁、浑厚的两个基本单元分别以斜线或圆弧构成面形。将它们作为基本形，把这两个基本形叠加，再加一水平线，并通过重叠、透叠等手法构成新的基本单元为复合形。将新的基本单元90°翻转(或视为旋转)及平移，使其共出现4次。

构成采用黑、白两色。由于黑色自然融入图底，使各单元均不自闭；白色部分大小参差，曲直变幻，精致而丰富。

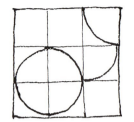

格网骨架和1/4圆单元

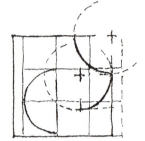

骨架移位、半径渐变

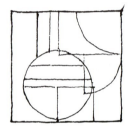

单元的进一步加工

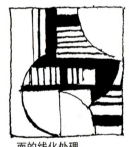

面的线化处理

基本类型：面构成
基本单元：1/4圆形
基本方法：格网与单元变异
特点分析：

　　以不规则的十字形格网作为不可见的结构骨架；以1/4圆作为基本单元。由于整个图面构成中所采用的基本单元数量不多，骨架作用不明显，因而基本单元自身的处理在此显得十分重要。这种处理包括：通过圆心和半径的灵活变化，造成各单元的大小差异与叠合；采用面的线化处理，突出纵与横、曲与直的对比效果。

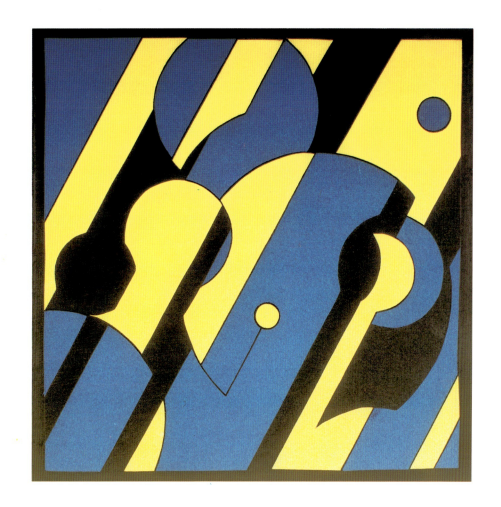

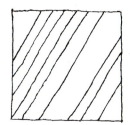

基本骨架

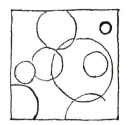

基本单元的灵活布置

覆盖、减缺和线的移位

移位、透叠……

基本类型：面构成

基本单元：斜线、圆形

基本方法：形的重复与叠加

特点分析：

　　以60°平行线作为基本骨架，以圆作为基本单元。由于对骨架线与基本单元之间的关系进行了灵活处理，对圆的位置和直径大小以及平行线的间距等采取了自由的变化，从而为图面的进一步发展提供了有利条件。在此基础上，通过覆盖、减缺、移位等多种手法，对形与形的关系进行处理，使图面效果更为丰富生动。

基本类型：面构成
基 本 形：三角形、正方形和圆形
基本方法：形的分割与叠加
特点分析：
　　互相垂直的三角形沿图底周边将其切割，并生成斜置正方形。两个正向正方形与它重叠，并彼此透叠，其上又叠加了一组圆形，圆形共三个，一虚二实。再利用不等宽黄色边框形成两个新形——正方形。

　　形之间的联系以重叠为主，最为明显的是：图框底边上的三角形将发生在其范围内的形全部覆盖。而左下角一对相叠加的正方形中，则运用透叠手法显示白色亮点。实圆面以三色线条线化，并以线条的错位排列来体现两个实圆间的边界，轻巧而新颖。

三角形切割图底

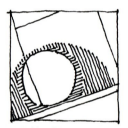

圆形的叠加

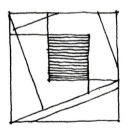

正方形与其叠加

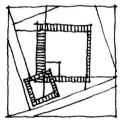

正方形深入组合

立体构成

体的隐含

三维冂形

整体联系

基本类型：线构成

基本单元：线与冂形线框

基本方法：单元的聚集与分离

特点分析：

　　由线材构成基本单元，单元分为线形、面形(冂形"虚面")，少量的冂形在三维空间中成形。以纵横穿插、高低错落、正斜交接等手法使单元重复、变化并聚集。整体造型由彼此分离的三组聚集体综合而成，底面上的两根线又将它们联系成整体。中间部分以高度及体量突现为主体，靠近它的聚集体体量最小，使整个构成不仅主从分明，而且均衡协调，彼此呼应。构成在玻璃底板上形成的倒影造成基本单元似为矩形的错觉，从而使造型更为丰富。

基本类型：线构成
基本单元：线、冂字形
基本方法：单元的聚集、穿插与叠加
特点分析：

　　该方案运用的是典型的十字形构成手法。其平面布局是一种多次重复的十字形组织；其立面造型设计上也是一种聚散结合的十字形的重复运用，从而在集中与分散、规则与活泼、前与后、粗与细、高与低等多重对比变化的前提下实现了整体上的协调统一。另外，冂字形的穿插运用对于突出造型的核心重点、增加造型的紧凑性及层次性都起到了重要作用。

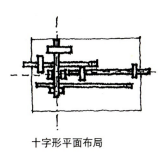

十字形平面布局

十字形立面组织

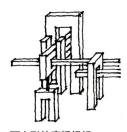

冂字形的穿插组织

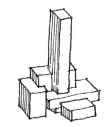
长方体组合

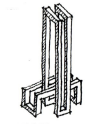
双冂形穿插

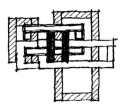
五形平面图

基本类型：线构成

基本单元：双冂形

基本方法：形的重复与穿插

特点分析：

  作品由截面为正方形的线形盘绕而成。构成中以双"冂"形为基本单元，五个单元变化、重复，并相互交织，其中一单元因高度悬殊而成为中心，其他单元不同的方向性及彼此间的疏密变化在有序中增加了活力，同时使主从分明的总体造型更为均衡。线体断面尺寸的恰当选择不仅加强了稳定性和重量感，而且给构成以适当的通透性。底盘对主体的反射又为其增添了光彩。

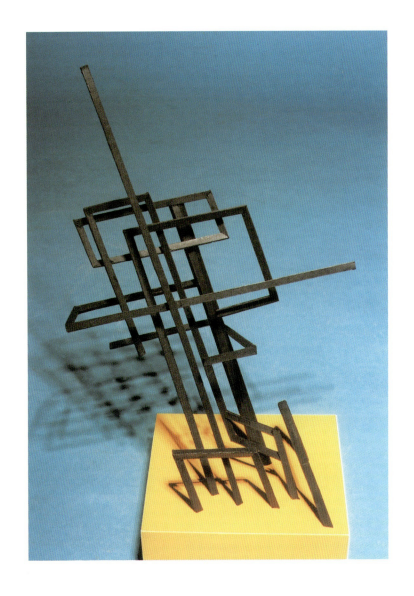

基本趋向

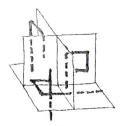

在三个维度上的直角转折

纵横穿插

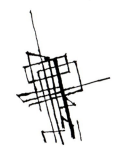

丰富的层次和方向组合

基本类型：线构成

基本单元：折线

基本方法：形的重复与聚集

特点分析：

　　一组倾斜向上的直线体分别在不同的高度上连续进行直角的折转，取得不同比例及大小的矩形围合，有的闭合，有的敞开。由于各线框所限定的虚面在三个维度上穿插变化，从而丰富了造型的层次和方向的对比，体现出线构成的特点。作为基本形的变异，少量纵横伸出的直线，增加了造型的灵活与舒展。

基本类型：线构成
基本单元：线与三角形
基本方法：形的聚集与重复
特点分析：

如分析图"原形结构设想"所示，该设计可以理解为是由相同三角形单元所围合的封闭原形开始的。通过一定程度的单元变形、位置移动而生成目前的"新形"结构。新形与原形相比较，不仅更加活泼自由，也因打破原形的封闭感而具有明显的开放性和方向性。该设计各部分可分为三层：第一层木质杆件，这是造型的主体；第二层金属丝线，起着加强结构的作用；第三层是彩色丝棉线层，它不仅为造型增加了新的细节层次，而且也起到了衬托主体的作用。

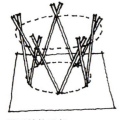
原形结构设想

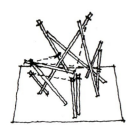
形的变异（结构杆件层）

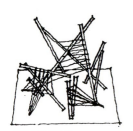
丝棉线层组织

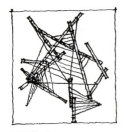
平面关系

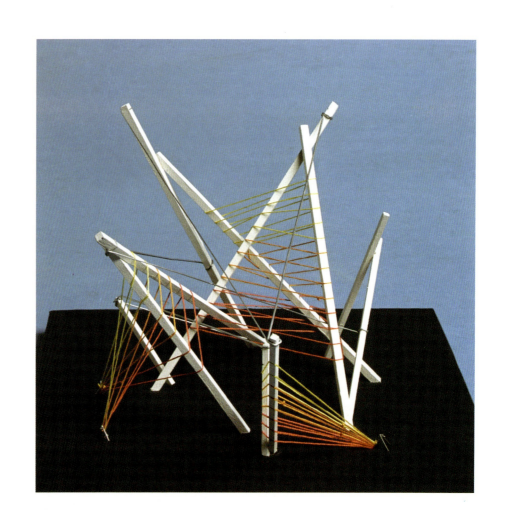

基本类型：线构成
基本单元：线、立方体线框
基本方法：形的重复与叠加
特点分析：

　　构成由两组不同色彩、材质的线体系列组成。一组为类似于空间坐标轴的直线组合，相互重复、叠加；另一组为比例和大小各不相同的4个立方体线框，环布四周。前者聚集，占据中心，产生放射作用；后者分散，形成边界，区划空间领域。两组之间形成繁与简、疏与密的对比，同时又在三维关系上互相叠合，互为依存。

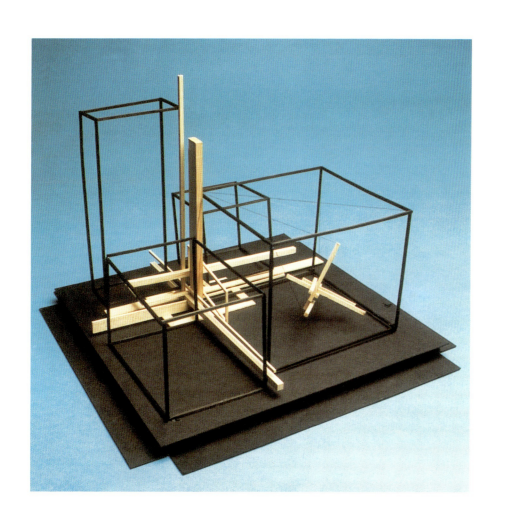

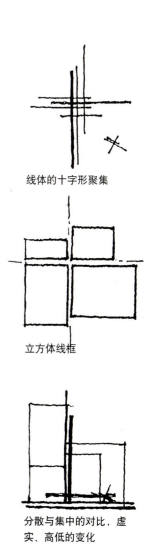

线体的十字形聚集

立方体线框

分散与集中的对比，虚实、高低的变化

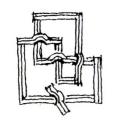

从平面投影看穿越关系

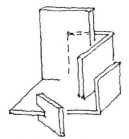

围合感比较——面

围合感比较——线

蓝色体系的加入

基本类型：线构成
基本单元：折线
基本方法：形的重复与穿插
特点分析：

  采用两组方位、强弱不同的空间折线体系，使其互为穿插，形成对比。注意其中白色体系的走势变化，以及其在垂直方位上重复所形成的方框和在水平方位上重复所形成的方角，这些都是表达作品韵律感和空间感的重要因素。蓝色体系在水平方位上的45°扭转以及体量上的以弱衬强，对丰富整体效果有着不可或缺的作用。

基本类型：**线构成**
基本单元：**线与方点**
基本方法：**空间格网变异与节点强调**
特点分析：

　　该设计选取一规则的空间格网作为构成原形，经过消减、移位等变化处理，生成一更为自由、开放的空间格网形式。为了保障整体的协调性和秩序性，设计特别强调了冂字形单元的垂直或平行关系的重复运用。方案最为成功之处在于对格网节点的处理：用色彩鲜艳的小方点刻意点缀于各个立面上的重要格网节点上，不但有效地提高了设计的深度，也使点与线的层次感更为清晰明快。

空间格网原形

空间格网变异

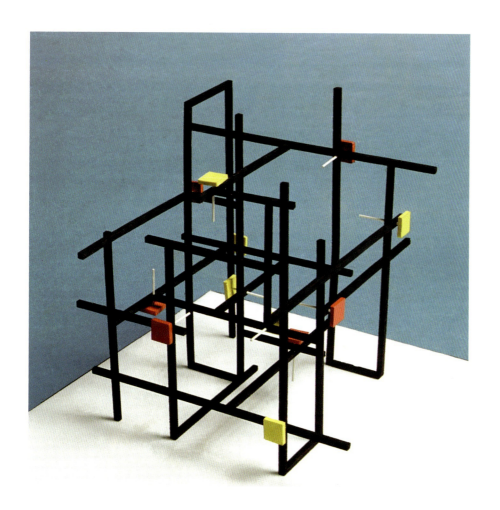

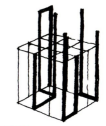

冂字形重复运用

格网节点强调

基本类型：线构成
基本单元：折线
基本方法：线的转折与形的重复
特点分析：

两组较粗的直线体，各自在不同的维度上做直角折转。其构成特点表现为三个方面：(1)两组线体的折转起伏均由强而弱，因相似而取得统一；(2)两组线体的水平投影互相垂直，在走势关系上形成方向对比；(3)两组线体与底盘的衔接呈一定的倾斜角度(而非垂直)，这一处理使得线体的空间方位"复杂化"，对提高作品的艺术效果有着重要的作用。

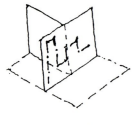
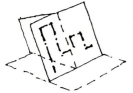

两个互相垂直的面作整体倾斜

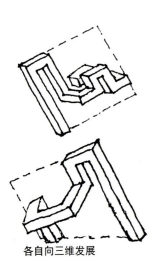

各自向三维发展

平面投影

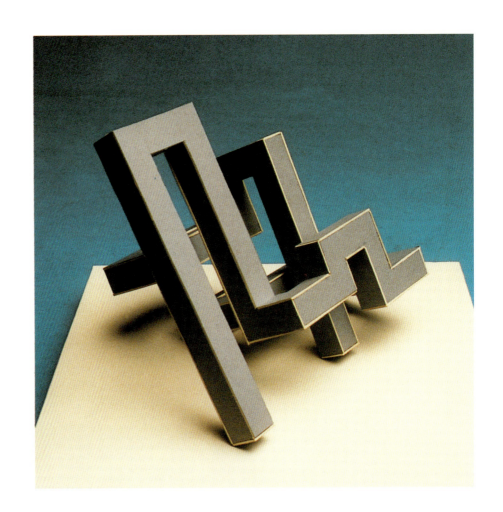

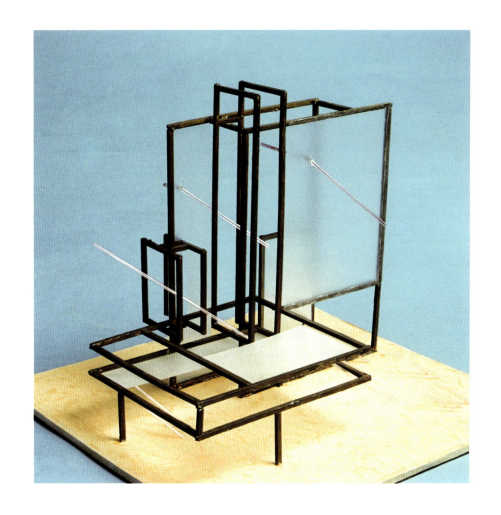

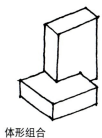

体形组合

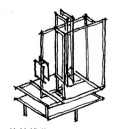

体的线化

体的面化

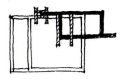

平面布局

基本类型：线、面构成
基本单元：线与矩形
基本方法：形的重复与叠加
特点分析：

由线围合而成的矩形两两一组、以线相联，形成大小不一的虚六面体基本单元。若干基本单元的重复、穿插、重叠，构成以竖向为主、横向为从，高低错落、均衡有序的整体。部分面覆以实体，使其虚中有实，而实面选用的磨砂玻璃，又使实中有虚，与以线为主的构成协调、相衬。该作品也可被看作将六面体"掏"空，只剩边框，用减法构成。

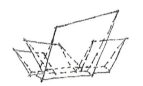
体的穿插

体的线化

体的面化

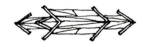
平面关联

基本类型：线、面构成
基本单元：平行四边形构成的复合形
基本方法：单元的聚集与叠加
特点分析：

　　用线框构成平行四边形，两个形又共用一边，从而形成三维的基本单元，数个单元具有不同的方向性，并高低错落、多次反复而构成整体。平行四边形上以水平线和对角线形成三角形或小四边形等新形，将上部三角形覆以半透明材质的实面，不仅突出了形体的方向性，而且虚实结合。取消与底盘接触的所有四边形的底边，使构成显得更为简洁和轻巧，也突出了构成的基本元素——"线"。

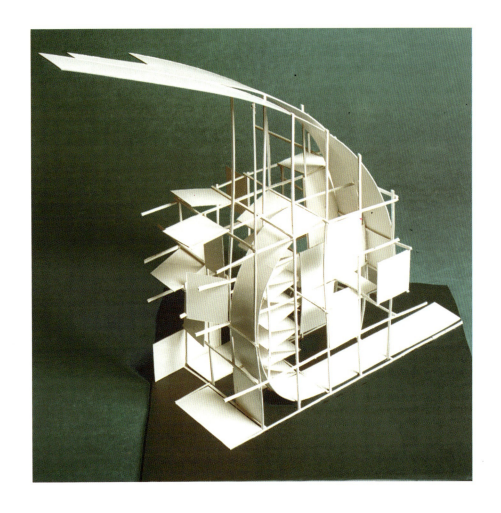

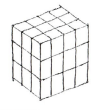

空间网格

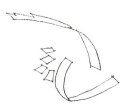

自由曲面

平面穿插

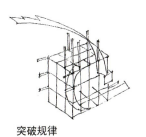

突破规律

基本类型：线、面构成
基 本 形：线与矩形
基本方法：空间网格与面的组织
特点分析：

　　不同尺度、不同方向，甚至处理成不同形状的矩形面均能找到与线框空间网格的联系，从而使构成规律而有序。面的角度变化、特别是曲面的运用使造型活跃、多变，并且富于动态。与此相应的是：空间网格既含于一个六面体之内，又有部分线体参差不齐地将其突破；对许多矩形的处置也不受六面体的约束，使有序的规律有所突破。

基本类型：线、面构成
基 本 形：矩形、梯形与圆柱面
基本方法：形的组织与面的线化
特点分析：

  两面相交，交接处的圆柱面犹如转轴，可将任一面看成是通过旋转而由另一面所生成，但两者间却有着明显的区别：主体简洁，呈矩形，另一面则变异为梯形；但两个面上均附有变异了的圆柱面。对于所有的面进行统一处理——线化，即：将各面进行等距离的切割，并实体大于虚体，使构成具有很强的韵律感；而局部的消减，又使造型丰富、活跃。选用单纯而统一的材料和色彩更加强了作品的整体性。

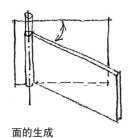
面的生成

平面布局

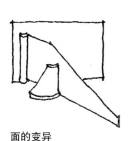
面的变异

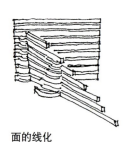
面的线化

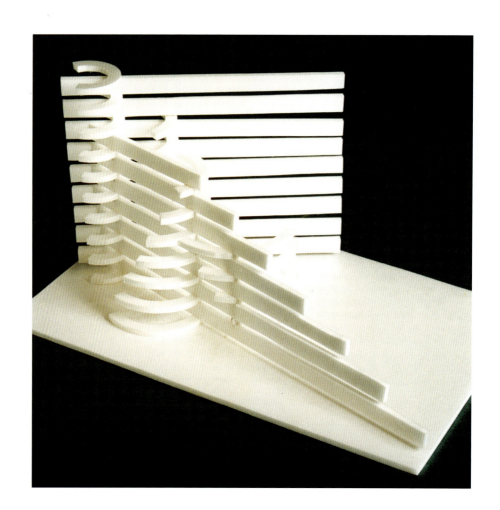

基本类型：线、面构成
基本单元：四棱锥体
基本方法：形的分解与移位
特点分析：

　　将一等边的四棱锥体进行分解，分解后的子形虽然形状各不相同，但是，由于多数子形都具有等边三角形的因素，因此，彼此之间仍然能够找到关联的视觉要素。可以看到，这些分解后的子形有的是三角形，有的是锥体，有的是半围合的锥体，等等。这些子形在移动后并没有改变角度，而且移动的范围有限，因而原来的基本形体——四棱锥体在一定程度上得以维持，而移动产生的视觉张力使得这个作品变得生动起来。接近底盘部位的白色横线条组成的围合形体，虽然不具备与其他子形相似的等边三角形的特征，但是由它界定的轮廓明确暗示了四棱锥体的存在，也因此融入到整体的形式构成之中而得以存在。中部实心的四棱锥体，既能成为视觉的中心，同时又暗示了四棱锥体在整体构成中所起的结构性作用。

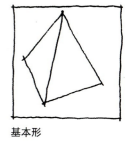

基本形

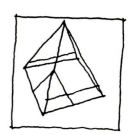

划分

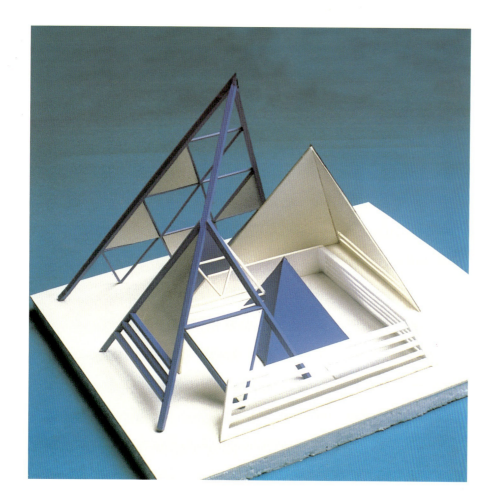

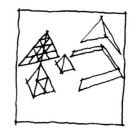

分解

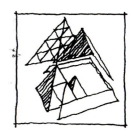

移位 消减

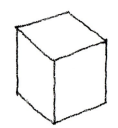

立方体原形

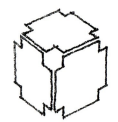

变体为面

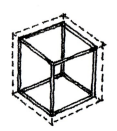

线化处理

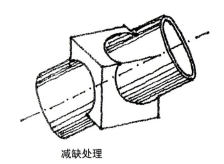

减缺处理

基本类型：线、面构成
基 本 形：正方体
基本方法：形的减缺
特点分析：

　　该设计选取简单几何形——正方体作为原形进行处理，取得了较好的效果。其成功之处可以概括为三点：首先是"体面转化"——通过对立方体棱边的切割处理，使正方体中"联合"状态的面分解成为"分离"状态的面，从而赋予了正方体舒展、开放、轻巧等新的性格。其次是减缺手法——借助一个圆柱体的穿插、减缺处理，使原正方体实现了从外在形体向内在空间的视觉重点的转移，并具有了一定的方向性。另外，运用线材将切割、消减的边角重新勾勒，既密切了新形与原形的关系，又起到了增加层次丰富形象之效果。

基本类型：线、面的构成
基本单元：四棱锥体
基本方法：单元的重复与变化
特点分析：

将一个大型的四棱锥体分解成若干同等大小的四棱锥体单元。虽然这些单元的轮廓大小都是一样的，但是作者为了追求变化，在单元内部的构造上采取了不同的方式：有的单元以线框为主，有的单元以面的围合为主；加上四棱锥体轮廓的多向性，作者制造了复杂的视觉形象，甚至有些杂乱。但是，由于整体的轮廓仍然是一个明晰的大型四棱锥体，这些稍显杂乱的内部单元形象还是得到了统合。虚实的布局上采取了相对集中的原则，基本上是内实而外虚。

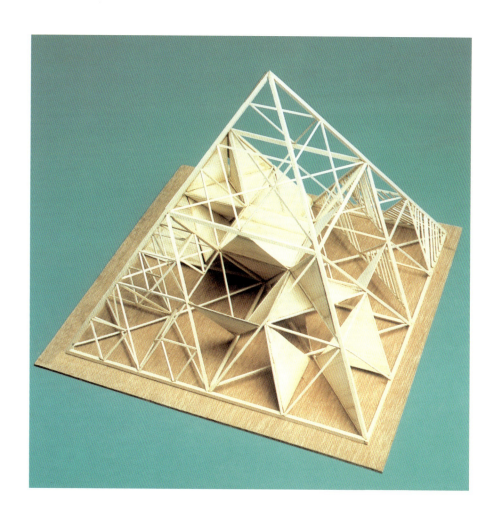

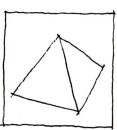

基本形

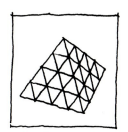

划分单元

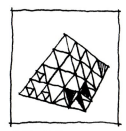

单元再处理

基本类型：线、面构成
基本单元：线与长方形面
基本方法：形的重复与聚集
特点分析：

该方案是一个典型的单元聚集组织。其设计特点主要表现在两个方面：一是单元的形成方式——沿45°线垂直分割立方体，而生成横断面为梯形的片状单元形式，保证了单元之间的内在关联性和呼应性。一是单元的排列方式——单元间相互平行，又疏密相间、高低错落的组织方式，使整体造型在统一的前提下富于变化。另外，线材和颜色的运用对于衬托主体、突出重点起到积极作用。

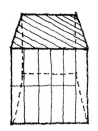
单元的生成

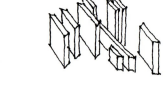
长方形单元的组织

杆线的组织

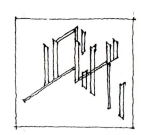
平面关系

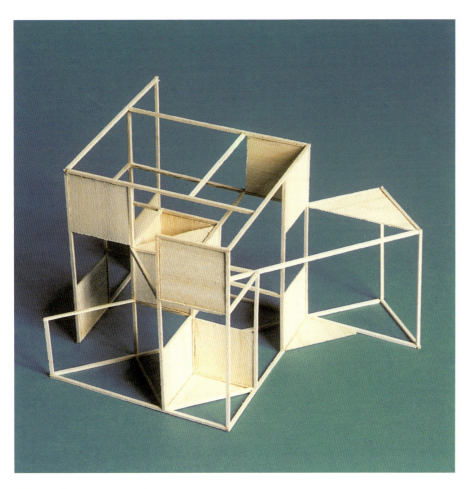

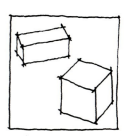
基本单元

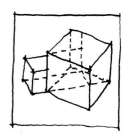
单元组合

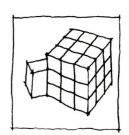
划分

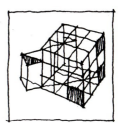
处理

基本类型：线、面构成
基本单元：正方体与长方体
基本方法：形的叠加与重组
特点分析：

　　显然，长方体和正方体都是由线框构成的。其中的长方体并不是一个任意比例的长方体，它的高度是正方体边长的2/3，而长度和宽度也都与正方体具有特定的几何关系。长方体沿正方体的对角线方位切入，这样的两个基本形在一开始就已经相互包含了许多内在的形式关联因素。基于模度关系增加了面的因素，在此过程当中，通过形式对位等完形手段，并利用因面材引入而加大了的围合度，暗示了正方形、三角形以及相关体量的存在。之后，采取了消减和移位的手段。这样处理的结果是破坏了原来的基本形完整的、安定的轮廓，因而在视觉上增加了形式的力度感及对形体理解的多样性，丰富了形式的视觉刺激。还需要注意一些细节：正方体的一个侧面在移位后使体的感觉有所削弱，面的感觉得到加强；长方体的一端以三角结束，削弱了长方体的存在而加强了三角形的存在，从而一定程度上模糊了原来的简单基本形，增强了两个基本形体结合后产生的完整性。形体的结合需要精心考虑结合部位、角度、模度，潜在的结合条件将在形体构成的操作过程中一步一步地激发你去发现新的形体关系。

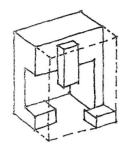

正方体被消减

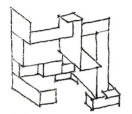

矩形面的聚集

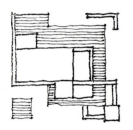

平剖面与底面

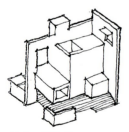

从背面看构成

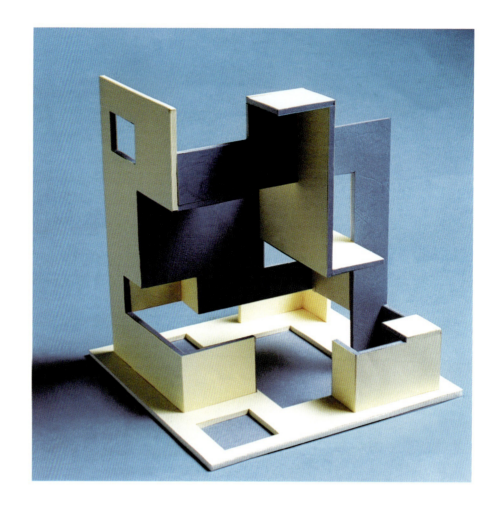

基本类型：面构成

基本单元：矩形与L形

基本方法：形的消减与聚集

特点分析：

　　正方体经过消减后形成均衡而变幻的长方体组合，然后用矩形、L形和曲尺形将长方体面化，使形体通透、轻巧。对少数面，特别是底面，用正方形进行消减，更加强了这种通透性，并使丰富、多变的构成被控制在规整的范围之内。但从背面看，局部仍保留着由矩形构成的长方体。

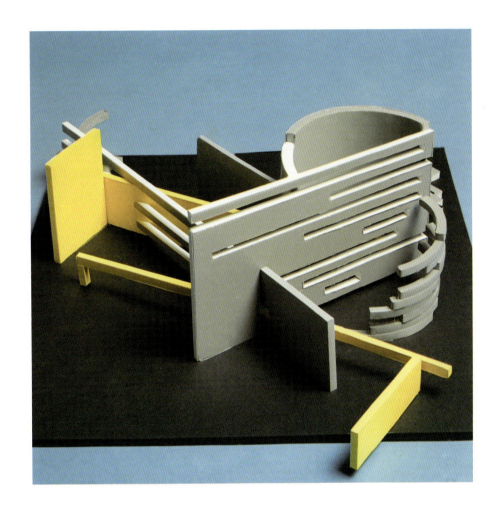

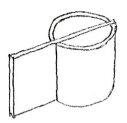

矩形切割圆柱面

三组矩形的穿插

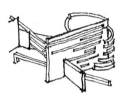

不同程度消减面

从平面看形联系

基本类型：**面构成**

基 本 形：**矩形与圆柱面**

基本方法：**形的穿插与消减**

特点分析：

  在面的组合中突出地运用了两种手法。一是面之间进行穿插，穿插主要发生在矩形之间：相互垂直的两三个矩形为一组，总计三组，它们或"接触"，或穿插，而三组间又彼此穿插；同时，穿插也发生于圆柱面和矩形之间。二是对部分面进行消减，使面较为通透，并出现了线形要素——直线和曲线，甚至将半个圆柱面完全线化，形成面构成的转换，从而使造型显得更为丰富，更为活跃。

基本类型：面构成
基本单元：线与面
基本方法：单元重复与渐变
特点分析：

  从制作的过程看，这个作品有趣而巧妙。作者在纸板内平行切开若干缝，然后将这些缝之间的纸板拉起，成为三维的形体。在作品中主要有三组这样的形体，由于切缝长短不一，相互之间的间距也不同，致使所拉开的每一组均形体各异。虽然有许多不同，但是相同之处也很多：首先是处理手段的一致性，出现了各组形体都具有的重复而渐变的框架状结构；其次，在组合时采用了围合的方式，不同组的形体通过中间的空间联合在一起。除了主要的形体外，作者还补充了一些细节性的附加物，如右侧的黑色面板（中间镂空成梯状），以增加空间的围合度。总的说来，这个作品显得很有韵律感。

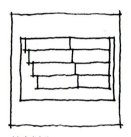
基本划分

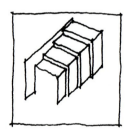
变化

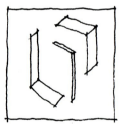
单元

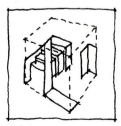
组合

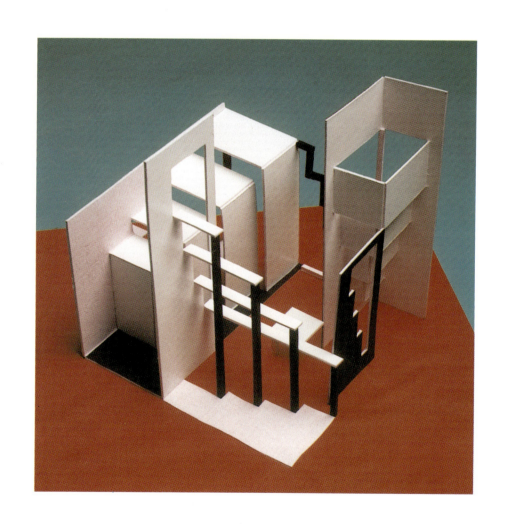

基本类型：面构成
基本单元：矩形与三角形
基本方法：单元的聚集
特点分析：

　　尽管三角形和长条板的形式差异较大，但是由于两者都是以薄板的形式出现，其边缘所体现的细长线形是在两者之间找到的形式共同语言。基于此，这个作品在手法上主要运用了对比手法将这些形体结合在一起：水平与垂直的对比，高与低的对比，多与少的对比等等。作者将这些形体分成了几组，然后通过穿插的方式连接起来。虽然这些结合方式稍显生硬，但在一定程度上被对比和韵律所产生的强势形式感掩盖了。

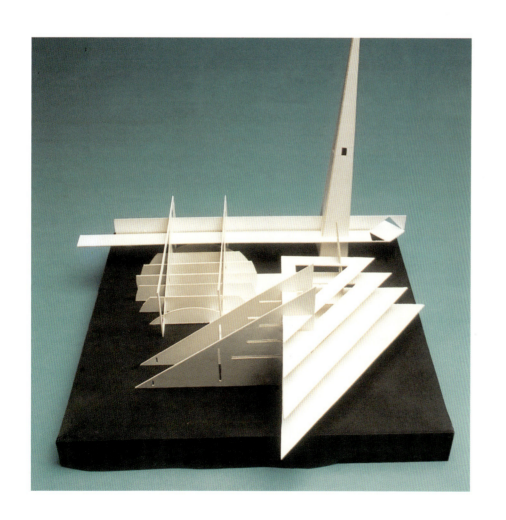

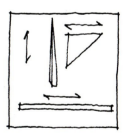

水平与垂直

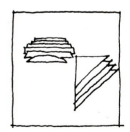

重复的韵律

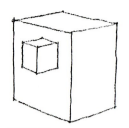

两形穿插

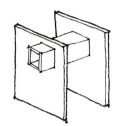

体的面化

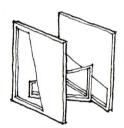

面的消减

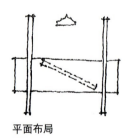

平面布局

基本类型：面构成
基 本 形：矩形与梯形
基本方法：形的组织与面的消减
特点分析：

    该构成的基本概念为：长方体与正方体的穿插。但两体分别被面化：长方体由四个相同的矩形面组成；正方体则只剩下两个正方形的垂直界面，且在被消减后分别含有方向各异的虚、实梯形。长方体下方斜支的梯形线框与正方形所含梯形相似。这一切不仅使构成实中有透，而且使其包含着线、面和体三要素间的转换与联系。色彩和形状引人注目的曲面使构成更为丰富和具有活力。

基本类型：面构成
基本单元：L形折面
基本方法：形的重复与空间的组织
特点分析：

    作品表现出对形体造型与空间组织两方面兼顾的特点。具体表现为：(1)以L形折面及其变异体作为基本单元，进行各种叠加与组合，造型轻巧、富于变化；(2)运用面转角所特有的围合作用，经过刻意安排，表现出空间的围与透、动与静……。基本单元所限定的容积基本为正方体，起穿插作用的面则采用窄长的矩形，两种形的处理丰富了整体造型。

基本的平面结构

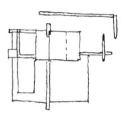

从平面看角的围合

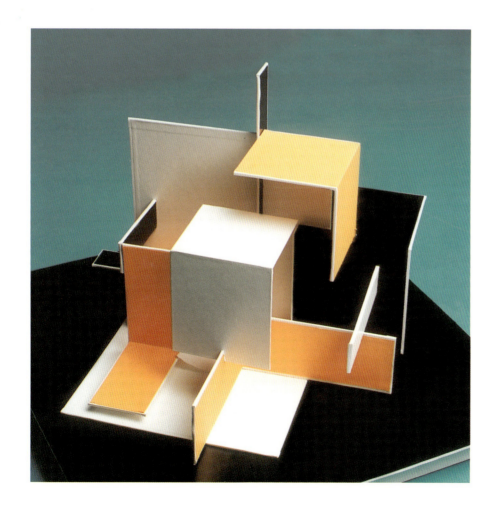

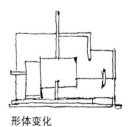

形体变化

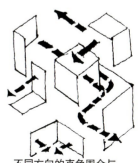

不同方向的直角围合与通透

基本类型：体、线构成
基本单元：圆柱体、冂形线框
基本方法：体的消减、移位与穿插
特点分析：

首先将圆柱体沿固定方向进行台阶式消减，进而在圆柱体中部进行外轮廓为方形的掏挖。经过上述处理之后，圆柱体虽然产生了较大的缺损和变形，但却通过直角框架体系的纵横穿插得到了"修补"与整合。同时，由于圆柱与线框所共有的方形产生呼应，因而构成统一整体。注意线框方位与圆柱体切割面转折之间的角度变化。

圆柱体的台式消减

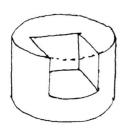
圆柱体的方形消减

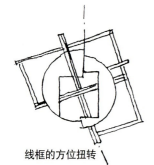
线框的方位扭转

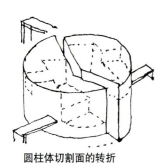
圆柱体切割面的转折

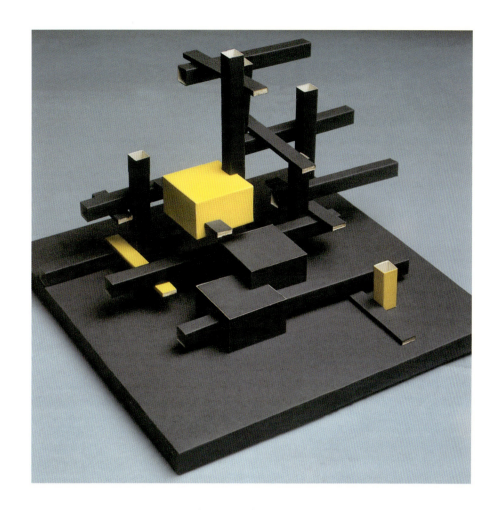

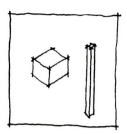

单元

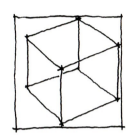

隐含的框架

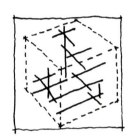

框架内的架构

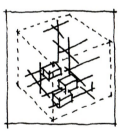

引入体块

基本类型：线、体构成
基本单元：立方台与立方柱
基本方法：单元的聚集
特点分析：

  在这个作品中，有两种单元，一种是线状的立方柱，另一种是面状的立方台，两者之间差异较大。当两种不同形状的单元体组合在一起时，需要确定如何处理两者关系的基本态度和手段。作者通过数量的多寡，确定了柱状体的主导地位，这一主导性地位还通过柱状体在构成中的结构性作用得到了进一步加强。所有的形体都集中在同一正方体的空间范围内，有助于聚集感的明确。大的黄色立方台起到了突出视觉中心的作用，小的黄色立方台起到了视觉平衡的作用。

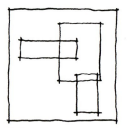

平面关系

单元

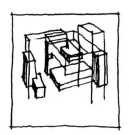

组合

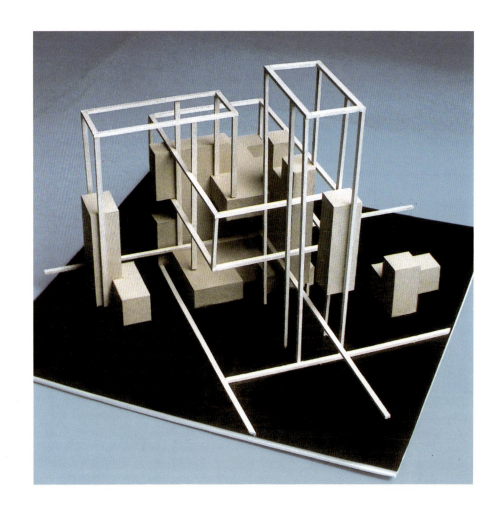

基本类型：线、体构成
基本单元：立方体
基本方法：单元的聚集
特点分析：

  首先采用分组的方法，将实体的立方块相组合，按照多寡不等而分布在底盘的不同区域。所有的这些实体立方块都相对显小，而线框构成的立方块相对就大得多。这些线框立方体分布在外围，因而控制了整体的轮廓。原来散乱在不同部位的实体立方块，在视觉上完全被线框立方体的强势所压制，反而成为点缀其中的活跃要素。值得一提的是，靠近底盘的数条参差不齐的线条，它们划分了地盘，强化了其上实体在整个由线框组成的结构中的归属感。这个作品整体上显得自在，不做作，视觉效果轻松。

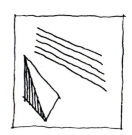

主要单元

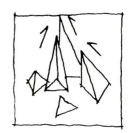

向上的方向性

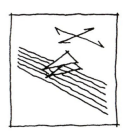

水平的方向性

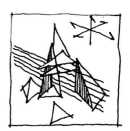

组合

基本类型：线、体构成
基本单元：线与三角锥体
基本方法：单元的聚集
特点分析：

　　有两种单元在此并存，一是三角锥体，二是线条。两者在形体上相差悬殊，但是由于三角锥体的多数面是由线条构成的，因而与线条之间存在形式上的联系。三角锥体的安排并非仅仅靠空间上的聚集效应而产生整体的形式感，它们的顶部所指方向的一致性也加强了相互之间的联系。贯穿其中的横线条组合有这样几个作用：增强了三角锥体之间的关联性；其水平的方向感与三角锥体顶部的向上方向感形成了对比和平衡的关系。面的引入是一种点缀，通过线与面的对比，丰富了作品的形式。

基本类型：线、体构成
基本单元：正方体
基本方法：形体的连接
特点分析：

连接不同的形体，首先要分析这当中不同形体的形式特征，如：大小、形状、角度、方位、色彩、比例等等，然后通过这些分析找到彼此之间的联系要素，从而构建连接的形体。这个作品正是基于这样的方法，将左右一虚一实的两个立方块通过中间的黄色体形连接起来，这个黄色体形作为连接体，它的设计既考虑了右边的实体，也考虑了左边的线框立方体。它的底部的实块无论是在尺度上还是角度上都与右边的实体立方块组合具有更多的联系，而它的上部的线框处理方式无疑具备了与左边大型线框立方体建立联系的条件。通过这样的手段，实现不同形体之间的联系和过渡。

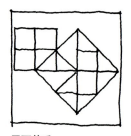
平面关系

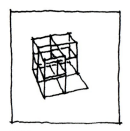
线框

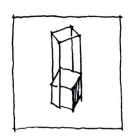
结合部（线框＋实体）

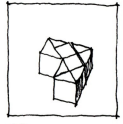
实体

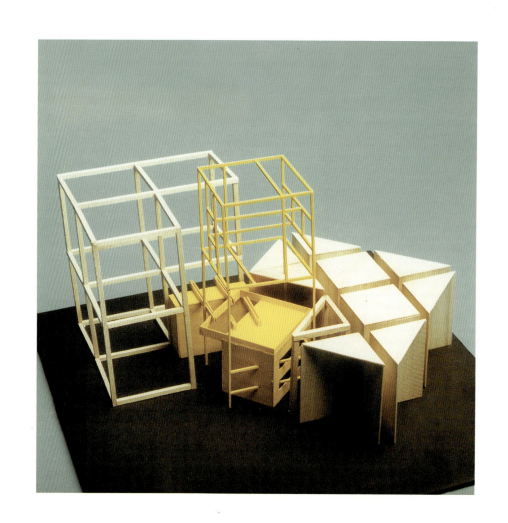

基本类型：体、线构成
基本形与基本单元：三棱锥
基本方法：形的分割、位移与重复
特点分析：

该设计主要运用了三种构成手法：其一是分割法。处理重点是深蓝色三棱锥，并通过相应的减缺、位移处理，确立起造型的主体格局。其二是单元重复法。通过多个三棱锥单元的重复组织，达到整体统一协调的目的。其三是大量地运用对比手法，包括大小对比、虚实对比、深浅对比、正反对比、轻重对比、线体对比等等，使整个造型更为丰富生动。

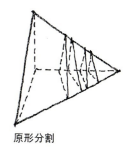

原形分割

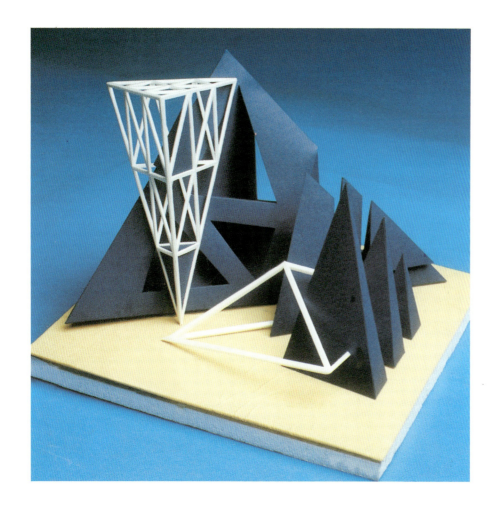

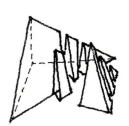

位移及消减

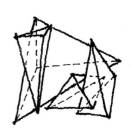

单元重复

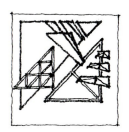

平面关系

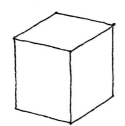

正方体制约造型

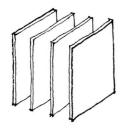

消减正方体为面

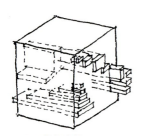

三组形体相穿插

形间的平面关系

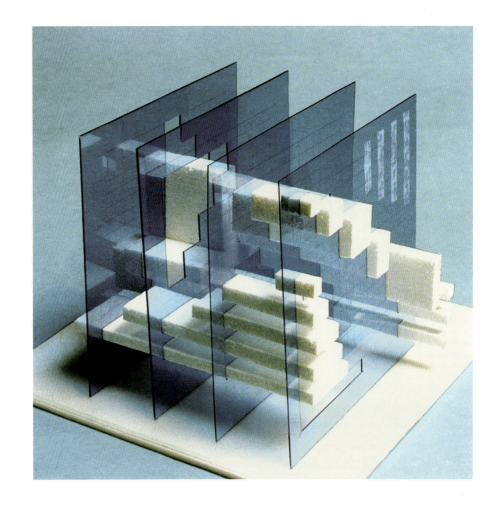

基本类型: 面、体构成
基本单元: 正方形与长方体
基本方法: 形的重复与穿插
特点分析:

　　四个透明的正方形垂直面勾画出正方的形体,面的重复创造了韵律感;长方体叠合而成的两组形体与垂直面穿插,它们在长度、方向及重叠方式上的变化又创造了较强的节奏感。垂面与长方体组合交织、衔接成统一整体,却在色彩、虚实、材质、材型等方面形成对比。两组长方体自身的参差组合以及对正方虚体界面的突破均使构成隐含变化。

基本类型：面、体构成
基本单元：立方体
基本方法：形体的交接
特点分析：

　　蓝色和白色两组形体分别界定在两个暗含的立方体框架内，它们的形式并不相同，但是都采用了相似元素——线材和体块——来构造各自的形体。在构造各自的形体中，主要的材料都安排在立方体的边角部位，体现了重视轮廓的做法。蓝色和白色形体的交接部位在一个边角，颜色在其中的分布起到了很大的作用：在白色体中安排了蓝色体块，在蓝色体中安排了白色体块，这种你中有我，我中有你的相互因借关系加强了两者的联系，同时也在视觉上产生了平衡的感觉。体与线的对比，严整而不失变化的轮廓，使得这个作品显得较为精致、理性。

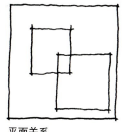

平面关系

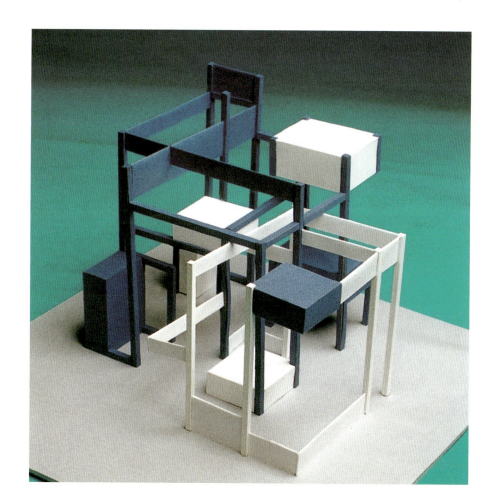

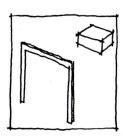

单元

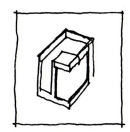

单元组合体

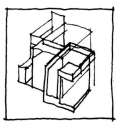

多组合体

基本类型：面、体构成
基本单元：正方形、长方体
基本方法：形的分割、重复与叠加
特点分析：

　　该方案有多种解读方法，可以理解为对立方体的分割、减缺位移，也可以理解为单元的聚集、叠加。若以聚集方式解读该设计，可以分解为三个层次，即水平层、空间层和核心层。水平层控制整体平面关系(即正方形叠加三角形)，空间层控制立面关系，而两者又为统一的完形立方体所制约。核心层主要起到丰富层次、突出重点的作用，并进一步密切各层之间的关系。

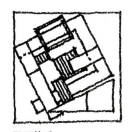

平面关系

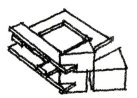

水平层处理

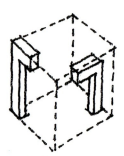

空间层处理

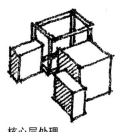

核心层处理

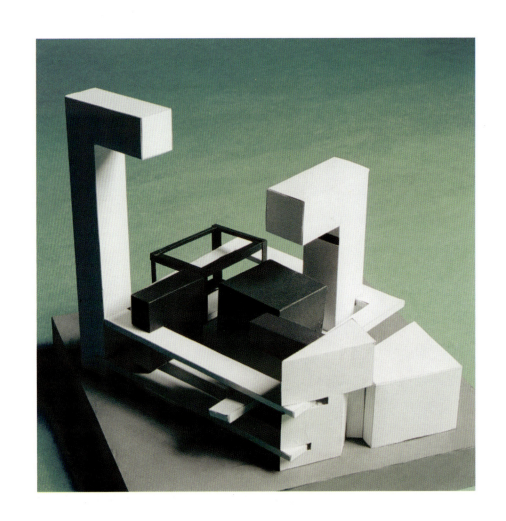

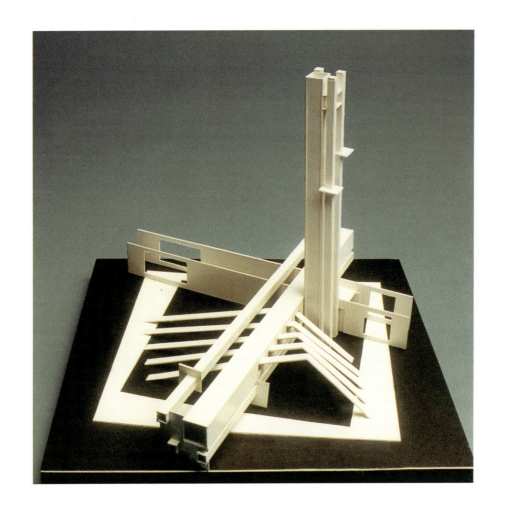

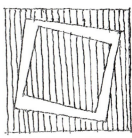

平面方位的连续扭转

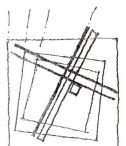

十字形构架组合

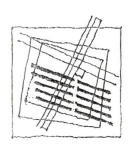

增加作品的空间感

基本类型：线、面、体构成

基本形及基本单元：线、正方形与长方体

基本方法：形的重复与组合

特点分析：

采用空间坐标轴作为基本构架，但将相当于Z轴的竖向长方体进行偏移，其目的是：(1)打破对称，活跃造型；(2)使三个长方体在相遇中形与形的关系更为丰富(叠合、穿插和接触)。面与线的设计在本构成中同样重要，它们所产生的方位扭转、虚实对比对基本构架均有很好的衬托作用，折线的重复运用则为作品增添了空间意味。

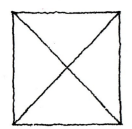

45°方向偏转

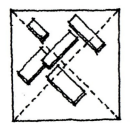

体材层的重复组织

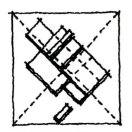

面材层的重复组织

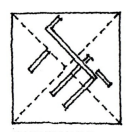

线材层的重复组织

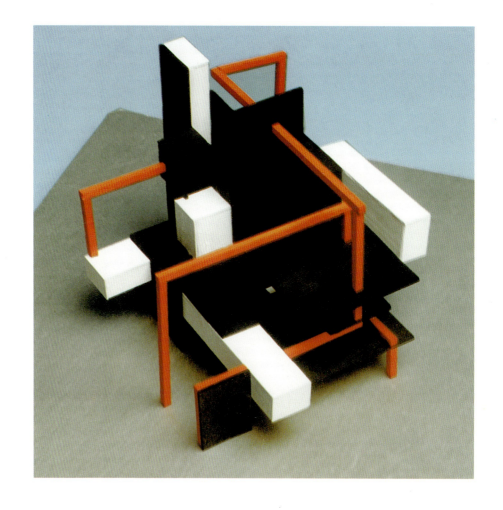

基本类型：线、面、体构成
基本单元：线、长方形及长方体
基本方法：形的重复与叠加
特点分析：

　　该设计有着三个明显的层次关系，它们分别是由白色长方体单元构成的体材层、由黑色长方形(面)单元构成的面材层和由红色杆线构成的线材层。虽然三者之间在形状、色彩上有着明显的差距，但由于它们具有相同的组织手法、相同的组织方向，又通过相互间的巧妙穿插，使之成为一个变化与协调共存的有机整体。另外，与底盘45°的方向偏转处理也为造型平添了不少活力。

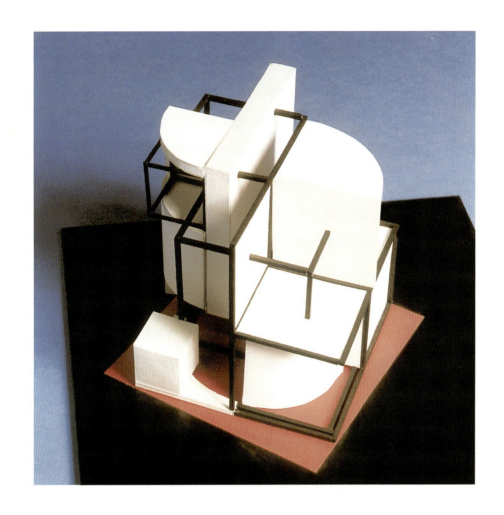

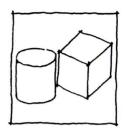

基本单元

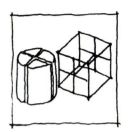

划分

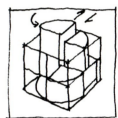

两者组合

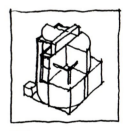

处理

基本类型：线、面、体构成
基本单元：圆柱体，正方体
基本方法：形的叠加与重组
特点分析：

  这个作品从一个正方体以及一个内切的圆柱体的叠加开始，进行了一系列形式操作。首先需要注意的是这两个基本形(圆柱体和正方体)的许多预设条件：框状的正方体和实心的圆柱体暗含了虚实对比以及形体分割的可能性。在接下来的一系列操作中，主要运用了消减和移位的手法。圆柱体分割消减的部位被引入了正方形的面。这一正方形的面是一个值得关注的形体。它一方面分隔了圆柱体切割后产生的子形，另一方面，由于正方形的面与正方体之间存在着天然的、内在的形式关联，因此，这一正方形的面成为联系圆柱体子形和正方体的关键因素。同时，面的引入，使得原有形体的基本要素即线与体得到丰富，线、面、体的关系增加了形式的关联。最后的结果只是这类型尝试的众多可能性之一，这个结果显示了作者的一种趣味——它比较多地削弱了最初原型的模样。

基本类型：线、面、体构成
基本单元：线、面、体
基本方法：形的交接与聚集
特点分析：

　　这个作品，初看上去，其基本形的种类过于繁多，线、面、体不一而足，相互之间缺乏相似性，故难以取得形式之间的联系。在这样的情况下，轮廓和结构的作用就变得非常的重要。作者正是采用了这样的方法：首先将这些互不相干的形体按照白色和深蓝色分成两组，然后将这两组形体分别组织在一个暗含的立方体框架内，而且特别强调这个框架的轮廓边缘。这样，给人的感觉是两个经过处理的立方体，按照一倾斜的角度结合在一起。这两个暗含的立方体框架起到了结构的作用，众多相异的形体在此结构下变得整体形象清晰。总的布局也是内实外虚，突出轮廓的存在。这个作品确实在处理这类纷杂的形体关系时，给出了一个值得借鉴的答案。

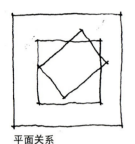
平面关系

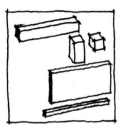
单元

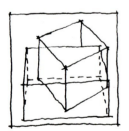
空间关系

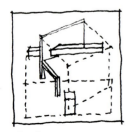
引入单元

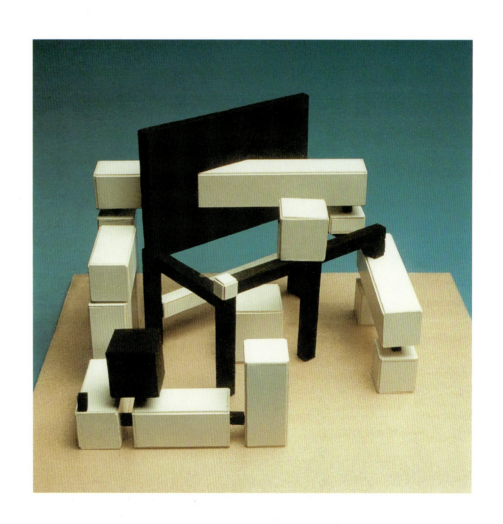

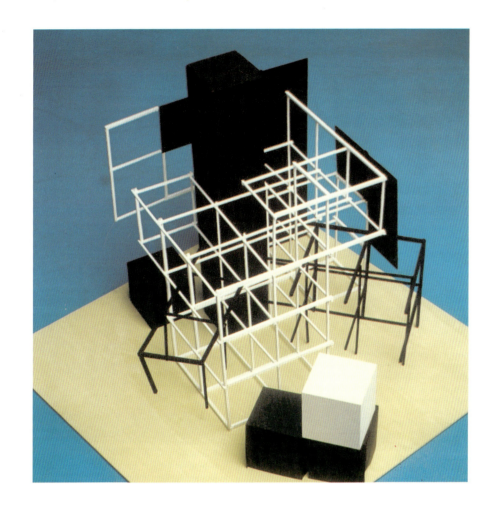

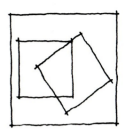

平面关系

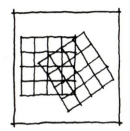

划分

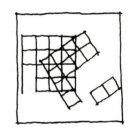

减缺、移位

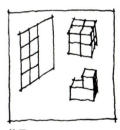

单元

基本类型：线、面、体构成
基本单元：正方体
基本方法：形体的交接
特点分析：

　　从颜色上看有两组形体，即白色的和黑色的。这两组形体具有共同的模度关系，它们都是由更小的正方体构成的。这一点是两者之间建立形式联系的基础之一。黑、白两组采用了倾斜的交接方式，这样的方式有助于强调各自的存在。共同的模度关系，使得作者不用担心这样的做法会造成两者过多的分离感。为了寻求变化，作者采用了消减和移位的手法，并引入了实体和面的因素，增加了整体的活泼感。黑、白的分布采取适当穿插的方法，考虑了视觉的平衡。作品的特点是较为理性。

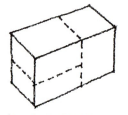
长方体原形的分割

形的消减及线化处理

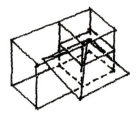
加入四棱锥体

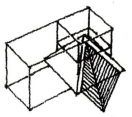
形的变异——破壳而出

基本类型：线、面、体构成
基 本 形：长方体与四棱锥体
基本方法：形的消减、叠加与变异
特点分析：

该设计的操作过程大致可以分为两个阶段，第一阶段是长方体的分割、消减及面化、线化处理；第二阶段是四棱锥体的加入及其变异处理。每一阶段的处理都是积极的和富有意义的。例如长方体的分割、消减及线化面化处理赋予了原形开放、活泼的新特征，并为四棱锥体的加入创造了条件。而四棱锥体的加入乃至变异所产生的碰撞与对比效果则是强烈的和戏剧化的，使原有平淡无奇的形象一扫而空。

基本类型：线、面、体构成
基 本 形：立方体
基本方法：形的切割与变异
特点分析：

　　三个形体被组织在一起，它们均为从立方体上切割下来的一部分：一为斜切立方体线框，一为立方体两个垂直面，一为斜切立方体实体(进而又被分割成若干个斜切小立方体)；它们所用材料分别为线材，面材和块材；采用的色彩又分别为白色，半透明磨砂玻璃和黑色。该构成不仅在立方体的运用上进行了切割和变异，而且采用了线、面、体并存，黑、白、灰对比及虚、实、灰和谐等处理手法。

三形相遇

线、面与体

平面联系

重点处理

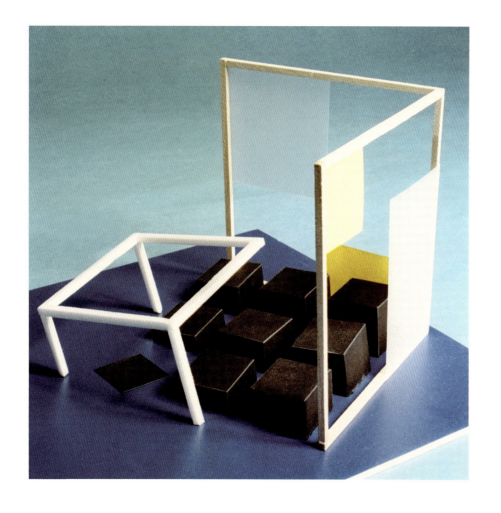

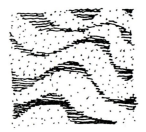
曲线骨架的构成

点的聚集排列形成空间曲面

基本类型：点构成

基本单元：点

基本方法：点的聚集与形的重复

特点分析：

  本作品使用了线形材料，但就其构成特点而言，应属于点构成类。作品利用大头针的竖向密集，实现点的面化，形成具有曲线轮廓的平面重复。同时，又对大头针伸出的长短高低进行处理，使各相似重复的带状平面又呈现出高低起伏的变化，从而使基本形的重复与变化具有三维渐变的特点，体现出以点组成的空间曲面所特有的构思意味和视觉效果。

体的虚实变化

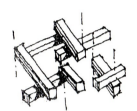

水平层面上的高低变化

围绕与穿插

基本类型：**体构成**
基本单元：**四棱柱（虚、实）**
基本方法：**形的重复与叠加**
特点分析：

　　由三种相类似的基本单元组合而成。红、黑不同的色彩处理突出了两组柱体的方位对比。其中红色柱体还采用了上下搭接和丁字形衔接的方式，并在不同的水平高度上穿插于黑色柱体之间，从而取得高低错落和左右伸延的动感效果。灰色线框的作用在于以虚衬实，同时又在方向上与前两者产生联系与呼应。

基本类型：体构成
基本单元：圆柱体
基本方法：体的分割、移位与消减
特点分析：

将圆柱体内部分层消减成台地状，使其外部轮廓产生局部缺损，而大部分较完整。然后将柱体纵切为两部分，并相对移位。最后又对移位后的两个体块进行简单的连接，并在体块的侧向部位作了呼应处理。作品在运用"完形"概念的同时，采取了多种对比手法，包括虚与实、繁与简、方与圆、完整与不完整等等。

圆柱体的消减

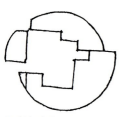

切割与移位

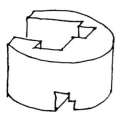

消减形的呼应

适当的整合处理

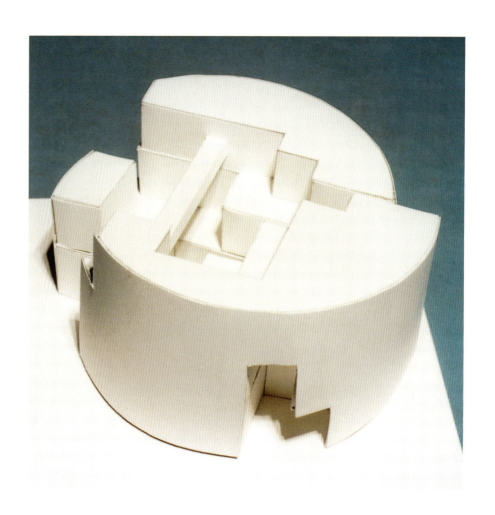

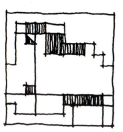

平面关系

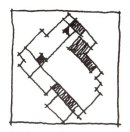

旋转

有模度关系的体块

聚集

基本类型：体构成
基本单元：立方体
基本方法：单元聚集
特点分析：

  这些作为单元的立方体，粗看上去似乎形态各异，但实际上它们都是由更基本的正方体结合而成的，因而相互之间存在着形态上的模度和比例关系。体块被分成了疏密不等的三组，彼此之间还存在着对位关系，这是它们得以联络的重要方式。值得一提的是底盘的处理：被大面积红色包围的黑色区域，轮廓虽然参差不齐，但却是以前面提到的正方体的模度为基础而变化的，因此，黑色区域的形状与其内部立方体之间是具有视觉上的直接联系的。黑色的区域还旋转了约45°，使这一区域内所有形体都得到了强调。

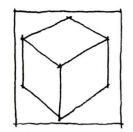

基本形

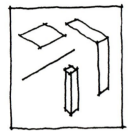

分解的单元

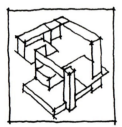

单元组合体

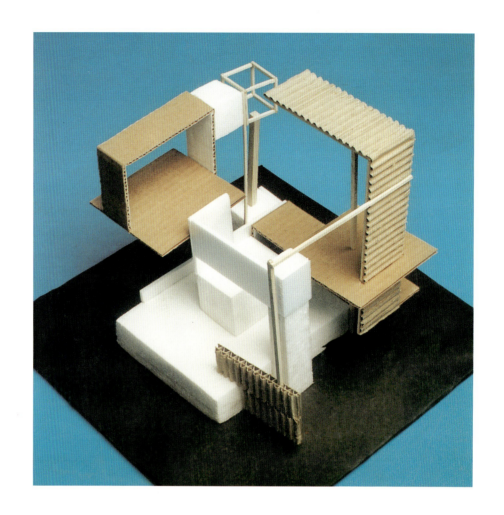

基本类型：体构成
基本单元：正方体
基本方法：形的消减
特点分析：

　　将这个作品归入形的消减并不意味着作者是这样来考虑的，只是在最后的结果上更多地体现了消减的视觉效果。其实用空间围合的方式来解释这个作品也许更符合作者制作的过程。这些都不重要，形态构成的作品本来就可以从多个角度入手来分析。从材料上看，有黄色条纹纸、白色泡沫塑料以及木条三种。木条并不显眼，而条纹纸肌理却很显著，它从质感和色彩上强烈地区别于其他材料。但是，由于所有的这些材料都安排在一个暗含的正方体的边缘轮廓部位，故通过完形的视觉效应而结合在一起。水平板的引入打破了部分轮廓的连续性，也增加了空间的层次感。总之，作品的多样性是由于色彩、肌理和形体而产生的，而统一性则是由于整体轮廓的完整对位而实现的。

基本类型：体构成
基 本 形：锥体
基本方法：形的消减与减缺
特点分析：

　　四棱锥被切割、消减。首先，锥尖被消减，形成四个新形锥体的顶尖；其次，锥体从中部被消减，形成新形锥体，并使锥体产生变异；然后将一锥体底部消减，使构成虚实相间，稳中有变，并产生动感，同时，它又与相邻锥体形成减缺，使造型更为通透、精致。从另一角度观看，体构成又体现出与线、面要素的关联。采用闪亮的银色材料制作，更为恰当地体现了锥体的结实和锥棱的挺拔。

   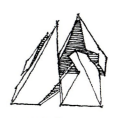

削尖　　　　　　　　削体　　　　　　　　削底与剪缺　　　　　　另面看构成

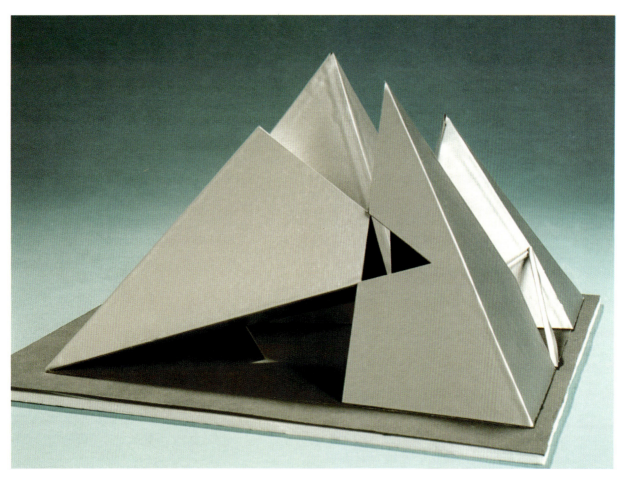

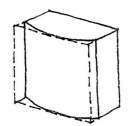

弧面切割长方体

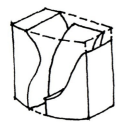

曲面切割长方体

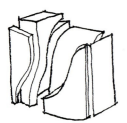

切割、消减与移位

基本类型：体构成

基 本 形：长方体

基本方法：形的切割与消减

特点分析：

　　用曲面切割长方体，是该构成的最大特点。较为完整的外廓虽强调了原形，但曲面切割使一垂直界面呈弧面，并成为构成的主立面。然后经过多次不同方向的切割，将整体分割成三个活跃多变的新形；进一步以曲面将三个新形细分，并将切割部分稍加消减、移位，从而构成富于变化的整体。黑、白、红和灰等色彩的运用使形体彼此相衬，形象突出。

基本类型：体构成
基本单元：长方体
基本方法：形的组织与聚集
特点分析：

  用大小、比例、形状各不相同的长方体聚集成两部分：主体部分呈"树形"，也是一虚虚实实、凹凹凸凸、高高低低的"面"状体；另一部分则以"体"为主，两者间以近乎线形的长方体轻松相联，构成既均衡而又在体量及体形上形成对比的整体。面状主体上的突出体块不仅使体形更为丰富，而且在不同方位均表现出较好的视觉效果。

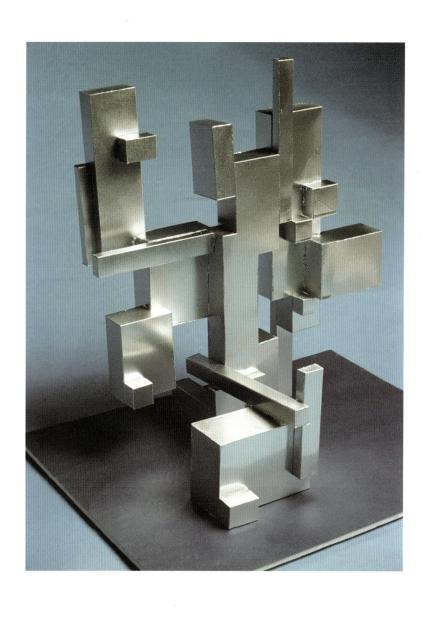

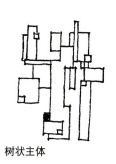

树状主体

平面联系

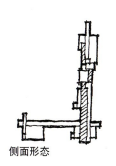

侧面形态

117

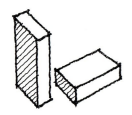

基本单元

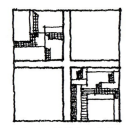

发挥长方体特点，丰富立面效果

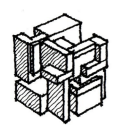

正方体控制其整体轮廓

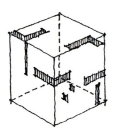

色面的点睛作用

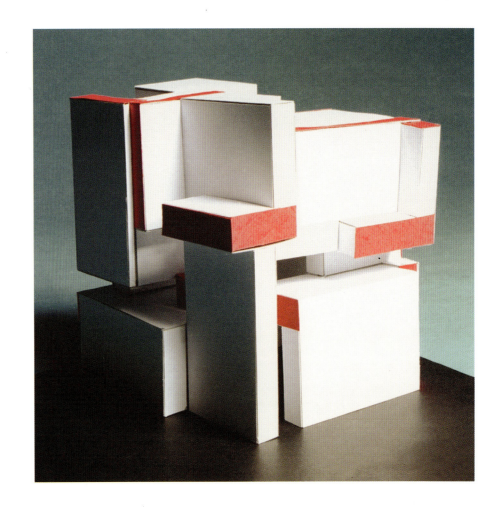

基本类型：体构成
基本单元：长方体
基本方法：形的聚集与叠加
特点分析：

  该设计以长方体为基本单元，通过垂直"接触"的方式构建形成一个正方体新形。其手法特点主要表现在以下几个方面：一是充分发挥了长方体单元三个侧面形状差距较大的特点，或纵或横或侧或立，形成丰富生动的立面形象；二是充分利用单元间进退凹凸的变化手段，强化其造型上的虚实关系和层次关系；三是很好地运用了纯化原理，无论单元间如何错落变化，一个暗含的正方体形状始终在有效地控制着整体轮廓；另外，色彩的点睛运用对于丰富造型也起到很好的作用。

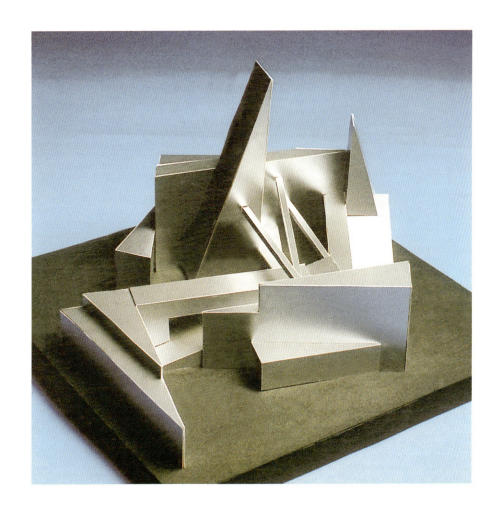

直角重复的平面构架

附加体增加方位变化

形的重复与高度控制

单元的聚集与叠加

基本类型：体构成
基本单元：三棱柱体
基本方法：单元的聚集与叠加
特点分析：

　　以扁三棱柱体作为基本单元，沿两组成钝角相接的直角边线进行聚集，形成一主一从、两个朝向各异和围合程度不同的空间。由于基本单元之间具有大小、高低和方向等各种差异，使作品在简洁的整体布局中呈现出丰富多样的变化。两个竖立的基本单元与整体相呼应，并在高度上起着控制作用。三条线体的搭接，增加了形的重复和对中心的强调。

基本类型：体构成
基 本 形：立方体
基本方法：形的分割、移位与消减
特点分析：

　　该方案选取立方体为设计原形，通过一系列的切割、移位及减缺处理，形成两个错位而立的片状子形，并产生出原形所没有的动感张力。对两个子形外立面进一步的消减处理，不仅形成了个性化的肌理细部，而且强化了两子形间互为对比、又互为呼应的向背关系。其中灰与白、简与繁、前与后等对比手法的运用对于突出重点、强调主次、丰富造型也起到了积极的作用。

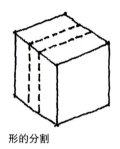

形的分割

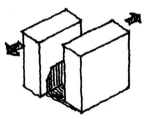

形的减缺与位移

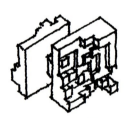

外立面的消减处理

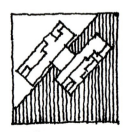

平面关系

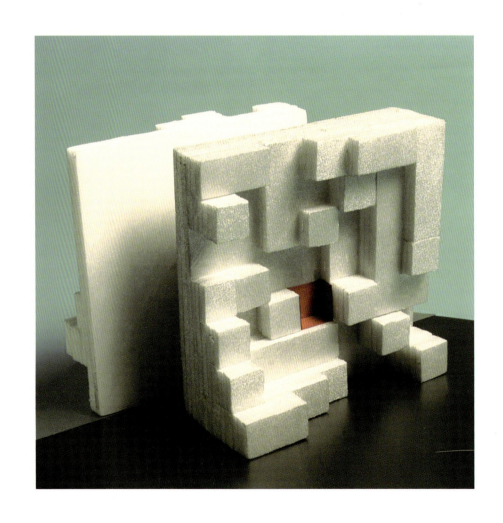

基本类型：体构成
基本形及其子形：正方体、长方体和圆柱体
基本方法：形的分割、移位与重组
特点分析：

　　该设计从简单几何形正方体开始，经过直线及弧线分割、减缺手法的处理，生成若干子形，然后通过位移而重组生成一个比原形更为丰富生动的全新形象。由于原形与子形之间、子形与子形之间均存在着必然的约束力，因而重组生成的新形凸现出内在的秩序性和关联性，使整体造型协调而统一。另外，选用反射材料作为模型的底盘对于丰富形象也起到了一定的积极作用。

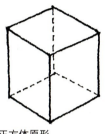

正方体原形

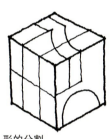

形的分割

形的位移减缺

平面关系——形的重组